スマート農業のすすめ

次世代農業人【スマートファーマー】の心得

日本農業情報システム協会
理事長　渡邊 智之

産業開発機構株式会社

はじめに

　2008年に筆者が「スマート農業」にかかわってから、本年で10年間が経過する。その当初から危惧されていたわが国の農業生産者数は、農業生産者の高齢化に伴い年々大きく減少の一途を辿っている。農林水産省は、2030年には2010年の36％である58万人まで落ち込むほか、平均年齢も71.7歳と高齢化が極限にまで進行すると見通している（「世界農業センサス 総合分析報告書」2010年）。しかしながらその反面、広大な農地を使い、大規模に生産を行う農業法人は急増を続けている。今後もこの傾向は変わらず、耕作放棄地を活用してさらに増加していく見通しである。

　要するに、いままで経験と勘で行われてきた農業に限界が訪れると同時に、未曽有の課題が多く農業生産者に降りかかってくるのである。これを受けて、人工知能（以下、AI）やIoTを活用した農業が各種メディア等でも頻繁に取り上げられるようになった。言葉としては、精密農業、IT農業、AI農業、アグリテック、スマートアグリ、スマート農業などと表現される次世代農業手法（以下、スマート農業）である。「スマート農業」の実践には、AIやIoTを使う農業生産者やそれを取り巻くすべての関係者および環境、体制が変わっていかなければ、日本における農業イノベーションは起きないと筆者は考えている。

　政府も高い技術力の継承や生産物の高付加価値化、さらには大量生産といった場面で「スマート農業」の実践により、「ジャパンブランド」を維持向上させ輸出増加につなげる取り組みに本腰を入れはじめている。

　矢野経済研究所（2017年10月27日発表）によると「スマート農業」の国内市場規模は、2016年度は前年度比7.2％増の104億

2,000万円に到達、2023年度には333億3,900万円に達すると予想している。

　しかしながら「スマート農業」という言葉を聞いて疑問に感じる方がまだ多いかもしれない。「自然相手の農業にICTをどのように活用するのか」と。たとえば、パソコンで農作業日誌をつけて次年度以降の作業計画の参考にしたり、収穫量（単収：10a当たりの収穫量）を記録したりして、生産計画に活かすというような地道な取り組みも、立派な「スマート農業」として位置付けることができる。こういった個々の取り組みが進むことによって、いずれは「農業ビッグデータ」につながり、それまで経験と勘に頼らざるを得なかったベテランの能力をAIの駆使により、科学的に数値化することができる。そうなれば多くの次世代農業での利用シーンが想定され、「一か八か」の農業から脱却し、様々なイノベーションが生まれることは間違いない。

　これまでも「スマート農業」のブームは何度かやってきているが、恐らく今回の波が一番大きく、長く続いている。その理由はクラウド環境が当たり前になり、農業現場においても比較的安価にソリューションを導入しやすくなったこと、また日本の農業の課題の解決が喫緊に対処しないとならないフェーズに入ったことが重なったためであろう。筆者が「スマート農業」を提唱を始めた2008年当初は雲をつかむような話であり、当事者であった筆者自身も半信半疑で試行錯誤の日々を送っていた。農業生産者との議論においても、用語がわからず言葉が通じないなどの理由もあり、筆者の提案についても最初は馬鹿にされ耳を傾けてもらうのが困難な状況であった。協力してくれていた方々も、確信というよりは面白さで付き合っていただけていたような状態であった。

　そこで、このまま農業生産者との議論を続けていてもなかなか本質にたどり着かないと感じ、筆者自身が農業生産法人の現場に入り、農業をゼロから学び、そこで得た経験を元に農業現場で必要とされるICTの機能について1つ1つ要件を洗い出していった。そうした努力

が結果に結びつき始めると、農業生産者も筆者の言葉に耳を傾けてくれるようになり、真剣に取り組んでいただけるようになったのだ。その結果、この10年でデータの蓄積が随所で行われ、「農業ビッグデータ」が作られてきた。次はそのデータを価値のあるものにするというフェーズに進む段階にきている。

　主幹産業が農業である地方自治体においても、地方創生のツールとして「スマート農業」は重要なポジションを占めている。その影響もあり、新たに「スマート農業」という業界に参入する企業も増加し、同時に様々なサービスやソリューションが生まれている。しかし、農業生産者の要望や値頃感に適切にマッチングされておらず、当初の期待通りには普及が進んでいないのが現在の実情である。

　本書では、筆者が「スマート農業ソリューション」を企画立案した経験で得たことや、農林水産省にて「スマート農業」の推進を担当した経験から、自治体職員をはじめ、次世代の農業を担う若者や周辺事業者、さらには異業種から農業に参入を考えている企業の方々に「スマート農業の現在地」と第4次産業革命につながる「これから進むべき方向」について事例を元に示唆し、"かっこよくて"、"稼げて"、"感動のある"「新3K農業」を実現する「スマートファーマー」(筆者造語：生産だけでなく経営やICTおよびデータ分析スキルをもった農業生産者)に巣立つまでを事例を交えて記載する。

　旧来の農業生産者のリノベーションや新規参入者の「スマート農業」実践に向けた最初の1冊となれば幸いである。なお、本書文中の見解や意見については、筆者自身のものであり、筆者の所属組織を代表するものではないことをご留意いただきたい。

目　次

はじめに i

1章　日本の農業のめざすべき姿とは 1

1.1 　社会的背景 1
1.2 　異業種参入・6次産業化の実態 3
1.3 　輸出拡大 5
1.4 　アメリカ合衆国のTPP離脱 7
1.5 　GAP（Good Agricultural Practice：農業生産工程管理）
　　　認証取得拡大 9
1.6 　これからの農業協同組合との関わり 10
1.7 　安心・安全とは 11
1.8 　メイド・バイ・ジャパニーズ（Made by Japanese）
　　　と日式農法 13
1.9 　農業における規模の経済 14
1.10　農業生産者を取り巻くプレイヤー 15
1.11　比較されるオランダ農業 16
1.12　少量多品種生産 18
1.13　イノベーター不足 19

2章　「スマート農業」の夜明け 21

2.1 　農業現場の課題解決には「よそ者、若者、馬鹿者」
　　　が必要 22
2.2 　自然環境ではなく、ヒューマンエラーが命取りに 24
2.3 　農業組織としての「経営理念・事業ビジョン」について 26
2.4 　農業生産者の五感の「見える化」 27
2.5 　作業日誌の共有 29
2.6 　農業生産におけるコスト 32
2.7 　匠の農業のノウハウ 33
2.8 　地域活性化・地方創生 35

3章 「スマート農業」普及に向けた政府の取組 — 39

- 3.1 農業分野における情報科学の活用に係る研究会（2009年度） — 40
- 3.2 アグリプラットフォームコンソーシアム（2010年度～） — 41
- 3.3 農業分野におけるIT利活用に関する意識・意向調査（2012年農林水産省） — 42
- 3.4 「日本再興戦略」＆「世界最先端IT国家創造宣言」（2013年） — 46
- 3.5 スマート農業の実現に向けた研究会（2013年農林水産省） — 48
- 3.6 農林水産分野におけるIT利活用推進調査（2014年農林水産省）＆農業情報（データ）の相互運用性・可搬性の確保に資する標準化に関する調査（2014年総務省） — 50
- 3.7 革新的技術創造促進事業（異分野融合共同研究）（2014年～2017年） — 52
- 3.8 クラウド活用型食品トレーサビリティ・システム確立（2014年度） — 55
- 3.9 戦略的イノベーション創造プログラム（SIP）（2014年～） — 55
- 3.10 農業情報創成・流通促進戦略（2014年6月） — 56
- 3.11 知的財産戦略（2015.5農林水産省）＆農業ICT知的財産活用ガイドライン（農林水産省：慶應義塾大学委託） — 61
- 3.12 「知」の集積と活用の場（2015年～） — 63
- 3.13 農業経営におけるデータ利用に係る調査（2016年度） — 63
- 3.14 農業データ連携基盤協議会（WAGRI）設立（2017年度） — 64

4章 「スマート農業」が農業を魅力ある職業へ — 67

- 4.1 「スマート農業」の現在位置 — 68
  - 4.1.1 各種センサを活用した遠隔統合施設制御（次世代施設園芸、植物工場） — 68
  - 4.1.2 GPSを活用した農業機械の精密制御 — 71

	4.1.3	スマートフォン、タブレットを活用した作業・生育管理	75
	4.1.4	POSと栽培・在庫情報連携による販売管理	78
4.2		農業生産組織の大規模化	82
4.3		農業法人の実態	83

5章 匠（たくみ）の知識の形式知化に向けて ... 87

5.1	情報武装によるリスクヘッジ・ステークホルダー間でのリスクテイク	89
5.2	各種シミュレーション	91
5.2.1	作業時間から人件費の把握	91
5.2.2	コストの明確化により、収入増	93
5.2.3	作付シミュレーション	95
5.3	匠の技術（ノウハウ、ナレッジ、こだわり）継承	99
5.4	ブランド、フランチャイズ化	103
5.5	「知的財産」が農業生産者の新たな収益源に	110
5.6	非破壊センシング、クオリティの担保	113
5.7	選果データと生産管理データの融合	114
5.8	画像解析技術の進歩と病害虫対策	115
5.9	盗難、人災、犯罪	116
5.10	衛星活用・リモートセンシング	118
5.11	ロボット・ドローン・アシストスーツ	120
5.12	遠隔農法	125
5.13	スマート農産物	128

6章 次世代農業を担う人材育成 ... 131

6.1	"かっこよく""感動があり""稼げる"「新3K農業」の実現	134
6.2	農業生産者のキャリア形成	135
6.3	「スマートファーマー」の育成	137
6.4	「アグリデータサイエンティスト」の育成	138
6.5	「スマートアグリエバンジェリスト」の育成	139

7章 フードバリューチェーン外でのニーズ　141

- 7.1 金融、保険業でのICT活用
  （アグリテック×フィンテック）　141
- 7.2 種苗メーカー　143
- 7.3 農業機械メーカーでは　144
- 7.4 農地バンク（農地中間管理機構）では　147

8章 次世代食・農情報流通基盤（プラットフォーム）【Nober】構築　151

- 8.1 Noberの想定機能　154
- 8.2 農業生産者と消費者のニーズをマッチング　156
- 8.3 次世代のトレーサビリティ　160
- 8.4 次世代バイヤー（プリンシパルバイヤー）の必要性　163
- 8.5 食品・農業関連のオープンデータ＆ビッグデータ　164
- 8.6 知られざる野菜の流通上での規格、食品ロス
  （フードロス）　165
- 8.7 ローカルロジスティクスの実現　168
- 8.8 健康や防災などその他分野とのデータ連携
  （医福食農連携）　169
- 8.9 バイオテクノロジーとの融合　172
- 8.10 再生可能エネルギーとスマート農業　173
- 8.11 スマートアグリタウンについて　175

さいごに　177

1. 日本の農業のめざすべき姿とは

1.1 社会的背景

　日本の高度成長期を支えてきた労働者の胃袋を満たしてきた農業生産者は年々高齢化し、現時点では65歳以上の従事者が68％を超える状況にまできている。高度成長期では、電機メーカーやICT企業が急成長し、その過程で給料もウナギ上りで上昇した時代があった。そして猫も杓子も大学を卒業し、SE等の職業に憧れ大手企業に入社を志望した。この時代を経た結果、苦労が多い割には収入が低いとレッテルを貼られた農林水産業の魅力は失せ、自ら志望して就農するような人材を探すのは難しい状況になってしまった。しかしバブル崩壊後、年功序列型の給与体系を維持できる企業は減り、多くの企業は目標管理制度を活用した成果に応じた給与体系に切り替えた。こうなると大手企業に入り歯車となって部品の一部として働くことへの魅力は減り、近年では農業に魅力を感じる会社員が増加してきていると筆者は感じている。しかしながら、その地域ながらの古いしきたりや市況という値段決めの自由度のない中では、まだまだ農業を生業として皆が選択してくれるレベルには到達していない。

　さて現在、農業に従事されている方は、大きく兼業農業生産者と専業農業生産者に分けられる。兼業農業生産者において、補助金の対応の場面で「兼業農業生産者に補助金が流れている。必要がないのではないか？」と疑問視され、非難されることが多いが、この兼業農業生産者も大きく2種類に分けることができる。

　1つは、会社員として働き、休日に農業をするタイプと、もう1つは、農業が主体だがそれだけでは食べていけず他の仕事をしているタイプである。この2つのタイプを同じ観点で取り扱い、切り捨てるの

はおかしい。多くの方は兼業農業生産者とは前者を想像すると思うが、農業が軌道に乗り専業で生活が成り立つようになれば後者の兼業農業生産者は減るのである。実質的に後者の兼業農業生産者の方が多くの課題をもっており救済が必要な方々でもある。

したがって、兼業農業生産者を一括りにして、「他の仕事があるから補助金なんていらないのでは？」とされ、補助金が見直された場合、後者の専業で農業をしたいと思っている方にも影響が出てしまうのである。

日本の農業のポテンシャルも世論で騒がれているほど悲観するものではない。統計手法にもよるが、事業収入 5,000 万円以上の農業経営体は全体の 1～2％であり、その階層の経営体の生産シェアは全体の約 30％ほどである。わが国の農業生産の 3 分の 1 をわずか 1～2％の農業生産者が担っているのである。この階層の農業生産者が増えることで、生産量が大きく伸びていくことが想定される。

日本の食料の自給率については、カロリーベースで約 40％前後であり、政府としては少しでも多くしたいという意向にもかかわらず、一向に改善しない。これはそもそも本自給率の算出方法がカロリーベースであることが 1 つの要因でもある。カロリーの低い野菜や果物の生産農業生産者が努力をしてクオリティの向上や多収穫を目指しても、この自給率の向上にはあまり貢献をしないのである。実は、この"カロリーベース"の自給率は国際的に標準的なものではない。採用しているのも日本のほかは韓国や台湾など一部にすぎず、現在、国際的に主流となっているのは生産額をベースにした食料自給率である。ちなみに生産額ベースで日本は 70％という高い数値を示している。

1.2　異業種参入・6次産業化の実態

　長年、日本の農業政策は「日本の農業生産者を守る」という観点から政策を立案・実施をしてきた。今までの政策は「守備」であることが多く、「攻撃」の方向性やマイルストーンやゴールの設定について明示を避けてきた。「日本の農業生産者を守る」観点で進めてきたために、全体に最適な施策が打ち出されてきたとは言い難く「日本の農業を守る」ための最適解を選択してきたわけではないと筆者は感じている。その代表的なものが減反政策であり、多く生産すると価格が下がってしまうという理由などから、政府が生産量をセーブしたのである（生産調整）。この政策により、異業種参入や輸出などの障壁になるとして50年近く続けられてきた時代錯誤の本制度は本年（2018年）をもって廃止になることが決まっている。

　このように、今までの政策は農業生産者を守ろうと、異業種からの参入障壁をあえて厳しくする方向に進んでいたが、2009年の農地法の改正を皮切りに、農業への企業参入がしやすい方向に規制緩和が進んできている。これら政府の規制緩和の施策により、近年では各方面の異業種から農業に参入する企業が増えている。筆者の知る限り、異業種が参入を決定する主な理由は「現業が縮小した結果、事業撤退や製造拠点の縮小に追い込まれ、それにより生まれた空いたスペースとリソース（人材や機械など）を有効利用したい」という理由から、農業を新しいビジネスの柱やオアシスとして求め参画を決めるシーンが多い。最近は「他の企業も農業に参入しているのだからうちも検討しろ」という経営陣からの指示に困っている事業企画部門の方々の相談にのることも多くなってきている。

　まず異業種参入した企業が驚くのは、今現在においてもマニュアルという物がほとんど存在しない農業の実情である。異業種の世界ではマニュアルがあり、それに従って作業することで新人でもそれなりの作業ができ、ある程度の完成度が得られるというのが当たり前だから

である。結果的に、異業種参入企業は一から試行錯誤をはじめることになる。よく電気メーカーなどでは、モノづくりに注力するあまり売り先（販路）を確保することを疎かにしてしまうことがある。農業の場合、大げさではなく「販路確保」が第一優先である。また現業を主体に考えたあげく、エース社員を現業に残すという判断になりやすい。結果的に、様々な未曽有の課題をぶつけられた従業員はいずれ疲弊して精神を病むことになったり、退職してしまったりするのだ。

そのため、まずは経営陣にプロデュース能力を保持した優秀な人材を配置し、農作業をしていただくパートタイム人材を地場で採用し、本社とは違う給料体制で望む必要があるだろう。生産する農業生産物も、市況に影響されないように契約栽培を選び、機能性などに特化して付加価値を高く売れる品目を選定するのが良いだろう。ここで珍しさを追求し過ぎてしまうのも良い選択とはいえない。まずは直ぐに需要がある物に取り組むべきである。

旧来の農業生産者においても、農業生産物の生産だけではなく、食品加工することで付加価値を付け収益を増やすために、6次産業化に取り組まれている方々もいる。しかしながら、取り組んだ総数に対し成功と呼べる事例はごくわずかであると筆者は感じている。自治体や農業協同組合の担当者によっては、「どうせ失敗するからやめたほうがよい」と農業生産者を説得する所もあると聞く。うまく行かない理由は様々ではあるが、農林水産省の定義する6次産業化は農業生産者自らが新たに食品加工機械などを購入し、商品を作ることである。しかし、補助金を得て機械など購入し稼働が始まっても、マーケティングによる販路確保、ブランディング、安定供給、クオリティの安定化など様々な課題が発生し、失敗をしながら学ばなければならないことも多い。6次産業化を始めるということは、旧来の農業生産者ではなく経営者としての感覚を持ち合わさなければ、成功は難しいというのが実情である。

たとえば、「小麦農業生産者がパン屋を経営する」といった事例で

は、農業生産者がある日突然パン屋を片手間で行っても、専業でパン屋をしている方々にクオリティや供給の安定化の面で勝てるパンはそう簡単には作れないだろう。これを地域ぐるみで実現する手法を6次産業化と表現する方もいるが、農林水産省の表現を使うとこちらは「農商工連携」となる。たとえば、ある地域の農業生産者が作った小麦を近隣のパン屋が活用し、おいしいパンを作るというのが「農商工連携」の事例になる。筆者としてはそれぞれのプレイヤーがWin-Winとなる構図が描きやすいので「農商工連携」の方が成功に近しいと感じている。

　このように、食・農の関係者がICTの利活用による情報によって有機的につながることで、今後大きな価値を生むことが想定される。

1.3　輸出拡大

　日本食は、「ヘルシーで美しくて美味しい」という理由から世界各国でブームになっている。その結果、海外において日本食レストランも爆発的に増加の一途をたどっている。それに加えて日本の食料品の輸出は現在8,071億円程度と、2013年の時点では5,505億円であったのがここ数年で急増している（図1-1）。もともと日本の生産物の海外需要（特にアジア）は充分にあったが、2013年6月14日の日本再興戦略の閣議決定などにより国策として取り組みはじめた。その結果、多くの規制緩和がなされ、震災における福島の原発事故による風評被害を受け、国内需要は大幅な打撃を受けたにもかかわらず、食品関連の輸出額が年々過去にない伸びを示している。右肩上がりに増えている日本の食品の輸出総額は、2020年までに1兆円という目標をたてていたがそこまで待たずに達成しそうだ。今後、前述した事業収入5,000万円以上の現在全体の1～2%の農業経営体が増加すれば、さらに輸出額を増やすことができると筆者は考えている。過剰になり

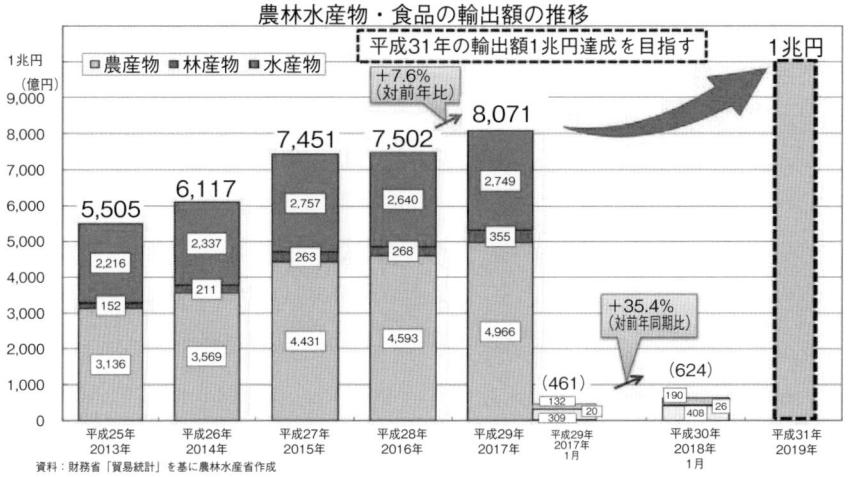

図 1-1

　生産調整されていた農業生産物を今後人口が大幅に増加することにより、需要が増大する海外に輸出していくのである。

　政府は未来投資戦略2017—Society 5.0の実現に向けた改革—（2017年6月9日）にて、2020年までに1兆円という達成時期を2019年に前倒しとして計画を見直した。前倒しで達成するということは政府目標としてはかなり珍しいことであろう。

　またその結果、高クオリティ・高付加価値で高価な農業生産物は、海外（特に富裕層の人口が日本の総人口程度存在していると言われている中国など）の富裕層に流れ、日本国民の大多数は海外からの輸入食材と大量生産にて生まれた安価な農業生産物を購入することになる。同時に国内農業企業は海外に生産拠点を設けるといった方向になっていくだろう。結果的に農林水産業の世界でも空洞化が起こる可能性は大いに秘めていると筆者は考えている。これは日本経済が停滞しており、国民の節約手法の第一に食費があげられ、安心・安全よりも販売価格が消費者の選択の重要なファクターになっているという理由からでも推測できる。

1.4　アメリカ合衆国のTPP離脱

　2016年に合意したTPP（環太平洋パートナーシップ協定）は、加盟国の中で最大規模であるアメリカ合衆国がドナルド・ジョン・トランプ大統領の意向により離脱表明したことで、TPP協定は発効のめどが立たなくなったのは比較的記憶が新しいことと思う。大部分の農業生産者の方は「アメリカが離脱をしてくれてひとまず安心だ」と思われているかもしれない。しかしながら筆者はそうは見ていない。日本とアメリカだけの二国間協議になることで、無理難題を言い渡されても否定してくれる諸外国の仲間がいないからである。戦後数十年のアメリカとのやり取りを見ていてもアメリカの「言いなり」と思われる節が多い政策の方向性が多く、今後の動向に注意が必要であると筆者は考えている。要するにアメリカ合衆国のTPP離脱により、今後アメリカとの自由貿易となれば安価な食料品の輸入が急増する可能性はまったく排除されていないのである。

　なお、この輸入農業生産物は、抜き取り検査とはいえ、残留農薬なども含め、輸出国での輸出前措置、日本での輸入検査が精緻に行われているので、一般的に「国産より劣る」とイメージがついてしまっている安心・安全の部分においても、今後は海外産であっても、安心・安全が確保され、しかも安価な農業生産物がどんどん入ってくる時代が訪れると考えている。もはや、「安心・安全」は国産だけではなく、グローバルで担保されるのが当たり前の時代に突入してきているのである。

　結果的に国産の農業生産物の出荷価格に大きな打撃を与えるのは間違いない。したがって、日本の次世代農業生産者（筆者造語：スマートファーマー）は国内間だけでなく、海外、特にアメリカを意識した営農を余儀なくされると筆者は考えている。本件について、国内で最先端を突っ走る農業生産者と意見交換をする機会があるが、日々、ICT等を活用して、自分の組織の状況を少しでも改善し、効率化や高

付加価値化によるさらなる収益確保に努めている農業生産者は、上記についても十分に意識をされており、試行錯誤を通して得た自信から、ほとんどの方が「自分達は、アメリカとの自由貿易という事態になったとしても絶対に生き残れる」「海外産の農業生産物にうちの農業生産物が負けるわけない」と自信をもって毎日の営農に取り組んでいる。

このスマートファーマーと筆者が名付けている彼らには、ICT の活用による効率化や高付加価値化による収益確保だけでなく、多くの共通点が存在している。1つ目は、すでに海外に農業生産物の輸出を意識して各種準備を開始しているというところである。その中には輸出では飽き足らず、海外に農業生産の拠点をもつことを意識されている方もいる。2つ目は、自身の農場で収穫した農業生産物を活用した6次産業化への取り組みや、GLOBAL GAP（Good Agricultural Practice：欧州で確立された認証制度／以下、GAP）や地理的表示保護制度（GI/2015.6 施行）の取得、HACCP（ハサップ、食品安全管理規格）、JAS（日本農林規格）制度、機能性表示食品（2015.4 施行）への登録など、自分の生産物のプレゼンスを少しでも向上させるための各種活動に前向きに取り組んでいるという2点である。これに ICT への積極的な取り組みを含めると、計3点の共通点があるといえる。

なお、TPP は現在アメリカを除いた 11 ヵ国で協定の発行を目指している。したがって「日本産は安心・安全だ」という思い込みだけではない、「日本産」ならではのクオリティや生産方法を先端技術により、明文化することが早急に求められているのである。

1.5　GAP（Good Agricultural Practice：農業生産工程管理）認証取得拡大

　自民党・小泉進次郎農林部前会長もメディアなどを通して認証取得をアピールしていた GLOBAL GAP について考えてみよう。

　政府が懸命に GAP 認証取得を農林水産業者に促しているのは、2020 年に開催される東京オリンピックにおいて、海外の選手や各種サポートスタッフに提供する農業生産物の条件として GAP 認証取得農場からの出荷品であることが、過去の開催国の状況から要求されると推測しているからである。

　しかしながら、現時点において GLOBAL GAP や ASIAGAP（旧 JGAP アドバンス）といったオリンピックの規格相当の認証を得ることができているのは、これら取り組み（5S 活動）をしている組織の中においてもたった 2％であると言われている。この状況下において、「日本一の GAP 取得県を目指す」と宣言したのが福島県の内堀雅雄知事である。現時点においても続いている東日本大震災によって発生した原発事故を原因とする風評被害を払拭したいという思いからであることは十分に推察される。

　さて、GLOBAL GAP の取得について、農業生産者にインタビューを行うと、「オリンピックといった一過性のイベントのために高額の費用をかけて認証を取るという選択はできない」と言われてしまうことが多いのが実情である。しかしながら、オリンピック開催や企業の輸出戦略に関係なく、GAP の取得が次世代を担うであろう農業生産者（スマートファーマー）には必要なことだと筆者は考えている。GAP は ICT 業界における国際標準化機構が策定した国際規格 ISO（International Organization for Standardization）の農業版だと思っていただければ、理解しやすいかと思う。

　農業生産者は GAP 認証を取得するために様々な体裁を整えていかなければならないが、この準備を進めていくことで、昔ながらの 5S と

言われる「整理」「整頓」「清掃」「清潔」「しつけ」が農業生産者の意識に植え付けられるとともに、それが習慣になる。同時に他業種のようにその組織としての従業員の個々の役割や業務フローといったことを事細かに決めて行く必要が出てくるのである。それにより、自分達の農業生産におけるマニュアルの明文化が求められ、従業員や関係者皆でそれらを見直すきっかけになるのである。また、従業員個々に自分の担当業務に対する責任感が芽生え、業務間連携のモチベーションのさらなる向上につながるのである。

さて、イオンやセブン＆アイなどの流通企業もこぞってGAPの取得を謳っている。これは特別栽培や有機栽培の次の流通業としての付加価値ターゲットとして目を付けているという理由からだと想定される。特にイオンでは【イオン持続可能な調達方針・2020年目標】として、プライベートブランドは、GFSI（GLOBAL Food Safety Initiative）ベースの適正農業規範（GAP）管理の100％実施を目指すとしている。こうなると農業生産者も「自分は輸出もオリンピックも関係ないのでGAPなんて取得する必要はない」と高を括っていられなくなるのはおわかりだろう。

したがって、オリンピック開催にかかわらず、これからの次世代農業生産者（スマートファーマー）は単なるレッテルとしてではなく、自主的・積極的にGAP取得に取り組んでいかなければならないのである。

1.6 これからの農業協同組合との関わり

メディアなどの影響もあり、農業協同組合の存在が日本の農業を悪化させてきた張本人として語られることが多い。筆者は、「スマート農業」に取り組み、農業イノベーションを起こそうと全力疾走している方々やその方々のカウンターパートにあたる農業協同組合職員の方々

にインタビューをさせていただいているが、農業協同組合のイメージは組合ごとに大きく違っており、「農業協同組合ならどこも同じ」とイメージされていることが非常にもったいないと感じている。

　確かに昔ながらの体質のままの組織や人も存在しているとは思うが、こと「スマート農業」を活用してどうにか現状を打開しようと試行錯誤している農業協同組合において、これらはまったく当てはまらない。ブラック農業協同組合と一緒にされるのは非常に残念である。特に九州の農業協同組合は、農業王国である九州での生き残りをかけて近隣の農業協同組合同士が切磋琢磨していると現場を見て感じた。

　また筆者が農林水産省の担当係長だった際に、農業協同組合を外した（直取引など）提案書をよく持参されて意見を求められるシーンも多かったが、既得権益である彼らを外して作られたモデルは何らかの軋轢が発生し、長続きさせるのが難しくなってしまうという事例が多い。

　農業協同組合を悪として決めつけるのではなく、彼らにもメリットの出るようなイノベーションモデルを作り、メンバーとして各種支援を受けていく方が成功モデルとするには明らかに近道である。

1.7　安心・安全とは　

　世論の流れでは、国民のほとんどが「食の安心・安全」に興味があるとアンケート結果などから謳われているが、「興味がない」と回答する人の想定は難しく、この結果には筆者は疑問を感じている。「食の安心に関する消費者アンケート調査」によると「残留農薬基準が守られていれば人体には影響がないと思う」という回答が61％であった。そこで、ある生産物の直売所で消費者に農業生産者から運ばれてくる生産物すべてに「散布農薬リストを掲示する」というトライアルを行った。その結果、掲示前よりも売り上げが減少した。これは消費者が、

普通（慣行栽培）の野菜や果物に「こんなに多くの農薬が散布されているの？！」と驚いたためであろう。この事例から、一般の消費者は生産現場の状況やその意味についてまだまだ多くのことを知らないということが推測できる。

現在は「モノ消費からコト消費の時代」といわれ、製造業だけに限らず、小売・サービス業など幅広い業界でここ数年よく使われている。要するに、人々の関心は「モノ」の所有欲を満たすことから、経験や体験、思い出、人間関係、サービスなどの「目に見えない価値」である「コト」に移行してきているというものである。これは農業においても同じことが言え、「目に見えない価値」ということを考えていかなければならない。「一生懸命に美味しい生産物を作っていればいつか儲かるに違いない」という思いではいつまでも儲かることはないのである。

2013年6月14日に閣議決定された日本再興戦略をはじめ、各所で「農林水産業におけるマーケットインの発想」の定着が明記されている。また世論においても、他の様々な産業と同様に、「農業生産者もこれからはプロダクトアウトではなくマーケットインの考え方でモノづくりをしなければならない」という社会常識が形成されつつある。

しかしながら、中小規模の農業生産者において、組織のトップがマーケットを意識するあまりに販路確保に追われ、最も重要な農業生産に手が回らなくなり、それにより生産物の質の低下を招き、さらには顧客離れにつながることもある。これでは本末転倒である。つまり食・農に関する農業生産者と消費者のコミュニケーションには多くの課題があることがわかる。

1.8　メイド・バイ・ジャパニーズ（Made by Japanese）と日式農法

　「日本の食材は、安心・安全」と各方面で表現されている。しかしながら「日本で作っているから安心・安全だ」という「イメージ」だけでは、海外から入ってくる激安生産物に勝つことは難しいだろう。それが要するに、中国産に安全性に問題のある食品が多数存在した事実が、国産の安全性を保証するものではないのである。

　とりわけ日本では信仰にも似た国産への傾倒が顕著である。これはマスコミによる過剰な報道や日本人独自の特性が関係していると考えられている。しかも、その根拠は必ずしも明確ではない。国内産の食品も、生産段階および小売段階で安全性を損なう危険性が多分にある。実際に、過去にも多くの事故や事件が発覚している。生産段階では、農業生産者による無許可農薬の使用や、農薬の規制回数をオーバーするといった事象である。小売段階では、要冷商品の非冷販売や偽装表示などが行われる危険性がある。

　海外から見た日本の農業生産物が安心・安全と謳われているのは、日本の国土で作られているからではなく、日本人の真面目で努力や創意工夫を厭わず、繊細で最高の物を作るという気質に価値を感じてくれているのである。この日本人の農業生産物の作り方を「日式農法」（筆者造語）として確立できれば、世界のどこで生産しても日本の農業生産物と同じ、市場で高いプライオリティで扱われるようになる。今後、農業者の世界ランキングをつけるようになった暁には、日本の農業生産者が上位のほとんどを占めることを期待したい。

　国策としても、今更ながらではあるが、「ジャパンブランド」を維持・発展させるために、日本人が作る安心・安全な生産物の生産方法をマニュアル化することにより、「日式農法」としてわが国ならではの生産方法を確立し、「ジャパンブランド」の農業生産物と一緒に輸出していくことを目指している。

1.9　農業における規模の経済

　農業法人は年々増加し、その耕作面積も大規模化しているが、日本の農業の大規模化の状況は欧米のものとは大きく違っている。1ヘクタール未満の小さな田畑（以下、圃場）をたくさん所持しているというのが日本の大規模農業の実情なのである。

　このように小さな圃場を多く所持していることで多く無駄が発生している。たとえば農業機械も事務所からトラックに乗せて運ぶが、1つの圃場で作業が終わるとまたトラックに乗せて移動させる必要が出てくる。さらにはトラックへ乗せたり、降ろしたりする作業は危険であり、1人ではなく複数人がかかわるなど人的リソースも多く必要となってしまう。

　また、圃場が多く点在しているために、作業する方が間違って他人の圃場に入り各種作業をしてしまうという事例もあり、その結果、その農業生産物に被害が発生した場合のリスクも考えなければならない。最悪の事情としては、有機農場に農薬を散布してしまうといったこともあり得るだろう。このように日本の大規模農業生産者は、大規模になることで家族経営の農業では起こりえない未曽有の問題に直面している。その結果、歩留まりは低下し、意外だが、筆者が知る限り大規模農業生産組織の10アールあたりの収穫量は、人的リソース不足や優先順位の判断ミスなどにより、家族経営の小規模農業生産者を下回る傾向にある。

　以前、規模の経済の相関を見ようと、圃場の広さと作業時間の関係を10アール辺りで比較したことがある。しかし、相関がまったく見られないという結果になってしまった。理由としては、土壌がぬかるんでいて農業機械がスタックしたり、雑草を放置し過ぎて除草に大幅な時間がかかってしまったりなど様々である。同時に作業される方個々のスキルも明白になっていないため、苦手な作業をしていることで人件費がかさんでしまうということも考えられる。したがって、大

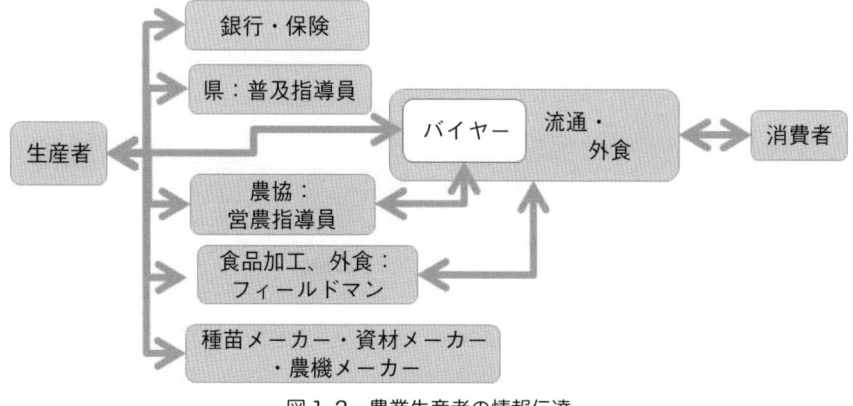

図1-2 農業生産者の情報伝達

規模化による規模の経済がほとんど働かないといっても過言ではないだろう。

これらを解決するには自動で動くロボット農業機械が必要となる。しかもそのロボット農業機械たちがナンバーを付けずに公道を走れるようになる必要があるだろう。

1.10 農業生産者を取り巻くプレイヤー

農業生産者の情報伝達は、現時点でもアナログであり情報の集約化が進んでいない。農業生産者を取り巻くプレイヤーは多く、そのほとんどの情報伝達が未だに口頭や電話やファックスなどアナログで行われている（**図1-2**）。

農業生産者は、農業協同組合やイオン、セブン＆アイなどの流通企業に加えて、種苗メーカー、資材メーカー、農業機械メーカーなどと様々なやりとりをしているが、このほとんどはアナログでの情報交換であるとともにその情報がほとんど蓄積されていない。唯一、流通企業とのやりとりの上で、農薬の散布回数などの情報を伝えるところの

一部でICTが導入されているところはある。しかしながら、流通企業の管理目線でシステムが構築されており、後に農業生産者が営農のためにデータを使うといったシーンの想定はされていない。これら情報が蓄積され関係者間でお互いに利用、分析が可能になれば多くのイノベーションが生まれるのは間違いない。

　種苗メーカーを例にすると、現時点で顧客である農業生産者の所に種苗が渡ってからの播種時期、育苗、水やり、温度管理、農薬や肥料散布などの各種情報を農業生産者から得ることは不可能である。しかし、それら個々のデータが取得できるようになれば、地域間でどこに適した品種なのか設定することが可能になる。また次の品種改良に役立つデータとなるのは間違いない。これは、農業機械メーカーや、資材メーカーにも同じことが言える。

　農業は土地や環境がその場所場所で大きく違っており、農業機械や資材の使われ方にも大きな違いがある。その違いには目を向けず、標準仕様として全国展開することがすべて正しいとは限らず、地域限定ではあるが多くの方に使ってもらえる仕組を作り上げるのも1つの戦略だと筆者は考えている。

1.11　比較されるオランダ農業

　オランダは日本の九州地方同等の面積でありながら、「フードバレー」の取り組みや最先端技術を使った次世代施設園芸で成功し、農業生産物輸出額がアメリカに次いで世界第2位に位置する国として日本でも多くの人に知られている。昨今、このオランダを日本政府の総理大臣も含めた多くの閣僚や著名人が訪問、取材を行い「これからは日本もオランダを見習わなければならない」とコメントされるシーンをよく見る。このように、現時点で「追いつけ追い越せ」の風土で進んではいるが、本当にオランダを参考とすることが日本の目指す農業

の正しい姿になるのだろうか？　確かにテクノロジーの面では大いに参考になるのは想定できるが、それだけではオランダのようにはなれないし、日本がオランダの農業を実践しても生産者や消費者も含めた国内の食・農業に関するステークホルダーがハッピーになれるとは思わないと筆者は考えている。

　その理由を簡単に述べると、輸出量にばかり目が行き、輸入量についてはあまり語られていないということである。オランダは輸出量とほぼ同等の食料品を近隣諸国から輸入しているのが統計データから読み取れる。要するに、オランダは国策でトマト、パプリカ、花卉等の輸出に特化し、残りの生産物についてはすべて輸入することに徹したのである（オランダ型輸出農業）。これは陸続きに隣国があるオランダだからこそ実現できる施策であり、一部の大規模農業生産者を拡大させる政策を取れた国家の決断によるものである。この事実にはほとんど触れずに、すぐにオランダを見習って追いつけ、追い越せといったメディア主導の議論がなされているが、島国である日本においてオランダと同じ手法で進めていくのは危険であり、現在の日本の政策スタンスでは実現不可能だと筆者は感じている。なお、今後も同じ路線でオランダを真似して「安価な農業生産物を大量生産する農業に特化する」という政策が推し進められその方向に進むのであれば、日本のブランドを支えている精緻な農業生産による安心・安全で高クオリティ・高付加価値という大きなアドバンテージを自ら捨てることになりかねない。

　1996年には、グリーナリー（The Greenery）のような、9つの卸売市場と数社の輸出入業者が統合・合併した「協同組合・会社（持ち株会社）組織」が誕生した。以降、オランダの多くの生産者は、これらの新しい組織に参画していった。

　現在は、1,000名を超える生産者からなるオランダ国内最大の生産者組織であるグリーナリーは、旧来の卸売市場を運営していた協同組合がEUにおける需要の急速な変化に対応するため、さらには、大手

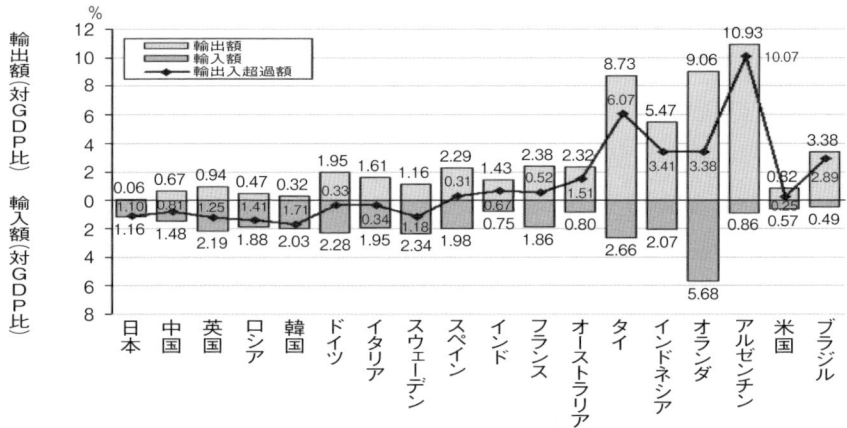

(資料)FAOSTAT(2011.2.28)、GDPはWDI Online(2011.2.28)

図 1-3

スーパーマーケットの急速な発展に市場力が低下し、卸売業者に対するマーケティング機能と物流機能を強化していく中で、国際競争の中において価格を維持するために設立された。高品質な製品と付加価値サービス（パッケージングなど）を提供し、流通などの拡張機能を有することで、サプライチェーンや小売販売業側と強力な関係を構築するために生まれたのである（**図 1-3**）。

1.12　少量多品種生産

　筆者が考える日本が目指すべき農業は、小規模多品種農業だと思っている。高クオリティ作物を小さなエリアで多くの品目を作るということである。イメージとしては、トマトの農業生産者はトマト問屋になり、いろいろなトマトを品揃えして、欲しいトマトがあればまずはそこの門を叩けばよいと思ってもらうことを付加価値とするということだ。

もちろんファーストフードやファミリーレストランなど外食チェーンや給食などは製造コストが決められているため、少しでも安い農業生産物を求め各企業のバイヤー的な存在が奔走していると聞く。低価格向けの食材として大規模生産を国内で行うことはなんら問題はないが、先端を走っているオランダや韓国と比較して、日本ならではの特色を出すのは非常に困難であると考えられる。

1.13　イノベーター不足

　昔から、農業は「きつい・汚い・危険」の3Kと呼ばれ、敬遠される職業の1つであった。したがって、高学歴の学生が選択する職業としては候補にも上がらないのが実情であった。農業生産者である両親も自分と同じ苦労を味合わせたくないと、血の滲むような努力をして子供達を大学に入学させ、ホワイトカラーにさせるのが夢になっていた。このように当事者さえも農業は子供に継がせたくない職業になってしまったのである。しかしながら、農業は体力だけでなく5感をフルに活用し、環境、市況、需要供給、各種リソース（ヒト、モノ、カネ）など様々なパラメーター（経営者が判断をするための各種要素）を元に瞬時に判断を求められる職業であり、相当の努力と経験を要し、習得には長い年月を要するなど、実際はホワイトカラーよりも高い能力が求められる。

　筆者は農業法人の代表者などと話す機会があるが、大規模になればなるほど人材の採用においても、何段階ものハードルがあると聞く。たとえば、募集をかければ応募してくる若者は沢山いるが、将来の自分の右腕として期待できる人材は皆無だとのことだ。他業種でもなんらかの理由により通用しなかった若者が、「自分の好きなタイミングで仕事ができる農業であれば、俺にもできるだろう」と甘い考えで新規の就農を希望してくる人材が多いのが実情だという。その甘い考え

で入社されても「こんなに大変な仕事だと思わなかった」と想像していた農業とのギャップを感じて短期間で辞めてしまうのである。

このように、農業に対する日本国民のイメージと実際に次世代農業に必要な能力に大きな乖離が生まれており、農業イノベーションを起こしうる優秀な人材がなかなか集まらないという状況が日本農業の進化の障壁になっているのである。

2.「スマート農業」の夜明け

　本章では、筆者自身が宮崎県の農業法人に入り、実際にスマート農業ソリューションを作り上げるまでの過程について記載する。

　2008年の5月、筆者は宮崎県の都城市で農業法人を営んでいる有限会社新福青果（設立：1987年6月（1995年農業生産法人））の新福秀秋代表取締役社長（当時）と意見交換する機会をいただいた。彼は年間の栽培規模で約350ヘクタールの土地活用し、70名弱の従業員を雇って農業を営んでいた。

　もともと民間企業に勤めていた彼は、親の農業を継ぎ農業生産者となった。したがって民間企業の感覚を持ち合わせており、就農当初から効率的に農業ができないかと試行錯誤を繰り返していた。全国的に見てもICTを活用することによる効率化についてはいち早く取り組まれた農業生産者の1人であることは間違いない。富士通株式会社で新規事業創造にかかわっていた筆者は、この彼の課題をどうにかICTの力で解決してあげたいと思い、その後、彼の会社を数えきれないほど何度も訪れることになったのである。

　最初は、他業界同様に「今現在どんなことでお困りですか？」と課題をヒアリングすることから始めてみた。しかしながら、最先端のICTで何ができるかについて不明な彼らに意見を求めても真の答えは得られなかった。農業のことを知らないICT企業である筆者が彼ら農業生産者の本当に必要としていることを想像し仮説を立てても役に立たなかったのである。結果的に農業生産者から無理やり抽出した要望と、ICT企業の想定で制作した様々なプロトタイプについてトライアルをしたが、現場の農業生産者に今ひとつフィットしないという状況が多々発生した。このアンマッチの原因は、長年ICT企業が先方の情報システム部門に指示された仕様通りに作るのが正しい姿だと信じて

業務を遂行してきたためである。

　そこで、ICT の知識はあるが農業経験のない筆者自身が農業を学ぶことで本当に必要な要件にたどり着けるのではないかと仮設を立て、有限会社新福青果の農場でゼロから農業の勉強をさせてもらおうと決心をした。農作業を一切したことのない筆者には、初日から最初の1週間はまさに地獄と感じられる日々であった。中でも、農業現場で使われる多くの言葉の意味がわからないのには苦労した。疲れて帰ってきて、何から手をつけたらよいのか考え始めるが、すぐ寝てしまうという日々が何日か続いた。

　しかし、この経験により、農業ではとても多くのことを人手に頼って行っているのだということが理解できた。これは ICT 企業の会社員であった私にとって、カルチャーショックを通り越して、天変地異と言ってもよいくらいの経験であった。

2.1　農業現場の課題解決には「よそ者、若者、馬鹿者」が必要

　筆者は、ここからまったくの農業経験がない中で、播種、育苗、施肥、定植、補植、除草、散布、追肥、収穫など一連の作業を幾度となく経験させていただくことになった。最初は作業そのものを習得することで精一杯であったが、回数をこなすことにより余裕が出て、視野が広がってきた。

　そうなると異業種でコスト削減や効率化に日々取り組み、刷り込まれてきた経験から、"何か1つ作業を行うにしても、こうしたら早く終わるのではないか"と自然に試行錯誤が始まった。たとえば、"収穫する際にどちら側サイドから収穫を始めれば後で荷をつみやすいのか"や、"ゴミが出る場面などではどこに集めれば後片付けが早く終わるか"また作業するメンバーの得手不得手も見えてくるので"役割分

図2-1　新福社長（左）と筆者（右）

担をする"といったことである。幸い、新福青果の従業員の方々は比較的若くすぐに打ち解けることができ、私の提案に対し快くトライアルをしてくれ、効果があれば次回からそれが採用されていったのである。これを繰り返すことで、最初は「ICT企業のサラリーマンに農業なんかできるわけない、すぐに尻尾を撒いて逃げ出すだろう」と思われていたところを覆すことができ、信頼を勝ち取ることに成功したのである（図2-1）。

　このように、異業種の人間（ここでは筆者）が農業現場の実作業に少しかかわりあうだけで多くの改善点を見出すことができるのである。

　とはいえ、昔から「畑違い」という言葉が表すとおり、土壌、環境、品目、品種が変わることによって、トライ＆エラーの毎日であることには変わりはない。匠の農業生産者は、永年の経験と勘によって比較的失敗の可能性が低い次の一手を見出してきた。

また一口に「匠」と言っても分野別に様々な人材がおり、ゼネラリストとして俯瞰して「農作物生産というプロジェクト」をマネジメントする者、農業機械の運転技術が素晴らしい者、播種から育苗に知見をもち多くの学者と対等に意見交換できる者などが、異業種からの採用も含めて適材適所で活躍できるようになれば、農業における生産性向上は、これだけで容易に実現可能であると筆者は考えている。

　このように、農業にイノベーションを起こし、次世代農業の時代を迎えるには、旧来からの農業生産手法を受け継いできた農業生産者だけではなかなか実現が難しいのである。

2.2　自然環境ではなく、ヒューマンエラーが命取りに

　「農業における最大のリスクは、収入が天候に左右されることである」とほとんどの方が思われているだろう。しかしながら「天候（自然災害）」は農業生産者が抱えているリスクの全体から見れば重大度が一番高いわけではない。新福青果の新福秀秋社長は、「大規模になるとヒューマンエラーが一番のリスクだ」と話されていた。当初は筆者自身も半信半疑であり理解できなかったのだが、3年近く農業現場で作業をさせていただいた経験からその原因が見えてきたのである。

　さて、農業生産者であればほとんどの方が入っている農業共済（略称：ノーサイ）というものがある。農業共済に加入していると、自然災害被害にあった際にある程度補填される。もちろんのことながら、被害を受けたということは、手を叩いて笑える状況ではないが、保険金が下りれば早期にリカバリーすることが可能である。また自然災害被害ということであれば、ステークホルダーの信頼を失うということもない。

　しかしながら、今度は農業法人などで働く従業員に目を向けてみる

と、冒頭から何度も記載しているとおり、農業は経験と勘に頼っている文化であり、それぞれの作業において、薬剤師の調剤のように複数の人間によってチェックする文化や機能といった体制がなく、いつヒューマンエラーによる災害（人的災害）が発生してもおかしくない状況で農業は営まれているのである。前述とおり、大規模農業生産法人になればなるほど、匠の経験と勘による業務遂行が難しく、多くの従業員を雇うことにより、人的災害も発生しやすい環境になってくるのである。ここで有効なのは、他産業においては当たり前に実施されているPDCA（plan-do-check-act）サイクルを農業の世界でも行うということであろう。

　ヒューマンエラーで多大な被害となる一番の原因は「農薬の散布回数ミス」である。これも大規模になればなるほど発生率が高くなる。なぜならば大規模化により、従業員を多く雇用しなければならないからである。そのため、従業員間の業務指示なども口頭での伝達が多いために、従業員が増えることによって間違って伝わるというリスクも大きくなる。たとえば、「農薬を散布する」という行為ひとつとっても、多くの圃場を所有し、多くの従業員を雇っている組織においては、ある圃場において、前回散布を行った従業員と同じ従業員が散布するとは限らず、頭の中で数えていた散布回数のカウントに相違が発生する可能性が高く、散布回数や散布量においてミスが発生する可能性が増大する。結果的に散布回数や散布量をオーバーしてしまうと出荷不可能になる。また多くの圃場を所持するあまり、経験の浅い従業員が、近隣の他の農業生産者の圃場へ農薬を散布してしまうというミスの可能性も捨てきれない。もし有機農業を営む農地に農薬を散布するようことがあれば大惨事であり、故意と判断されれば刑事事件になるリスクも秘めているのである。

　こういった人的ミスについては、保険制度がまだ発達していないのが実情であり、「スマート農業」の実践により、人的ミスを最小限にしなければならないと筆者は考えたのである。

2.3 農業組織としての「経営理念・事業ビジョン」について

　2016年度に筆者が有識者として参画した農林水産省経営局の「農業経営におけるデータ利用に係る調査事業」において、「スマート農業」実践者のペルソナ（サービスを使う、もしくは使って欲しい最も重要なユーザーモデル）について検討をしてみようという議論に至った。しかしながら、各種調査の結果、気候や風土といった地域差や生産品目が多種多様で唯一のペルソナ像を作るのは困難だという結論に至ってしまった。この議論の中で、筆者が「スマート農業」の実践を検討している農業生産者に真っ先に問うのは「経営理念・事業ビジョンの有無である」ということを発言したところ、その部分においては有識者委員すべてに納得をしていただけた。要するに「経営理念と事業ビジョン」が「スマートファーマー」に一番に求められる条件ということになる。この話をすると不思議に思われる方々も多い。しかしながら、誰もが「スマート農業」を実現しているわけではない現在においては、非常に重要なことである。

　農業における「経営理念・事業ビジョン」と言うと大仰だと思われてしまうが、「自分（自組織）が将来に向けて、これからどんな農業を目指すのか」という考え次第で、「スマート農業」を進めるにあたっての手段やそのプライオリティ、巻き込むべきステークホルダーなど多くのことに大きな違いが発生してしまうのである。もちろんのことながら、目指すべき将来像（ビジョン）が違ってくれば、その実現に向けて利活用するソリューションやセンサーなども変わってくる。これを間違うと、投資した費用を無駄にすることにつながり、結果的にすべての関係者が不幸になるという事象につながってしまうのである。

　ビジョンの例としては、「とにかく多く収穫したい」「収穫量は今のままでクオリティを少しでもあげて高値で売れるようにしたい」もしくは、「伝統野菜をブランド化したい」はたまた「まったく新しい農業

生産物を地域の名産品としていきたい」など、生産者個々に夢見ている未来は違っており、大規模ソリューションを創造し、単純に水平展開しても、農業生産者のバックボーンが多種多様であり当てはまらないことの方が多いと予想されるのである。

　要するに、ベースとなる機能を持ち備えた上で個々のユーザーならではのこだわりをビルトインできるダッシュボード的な仕組みが求められている。トマトひとつとっても、高級料亭で使われるトマトとファーストフードで使われるようなトマトでは、生産方法やクオリティなどは大きく違っていると言うのは説明するまでもないと思う。要するに、トマトの生産であればこの仕組み（ソリューション）を導入すれば良いと当てはめることが可能なほど単純なものには絶対にならないと筆者は考えている。多くのパラメーターから最適な解答を見出すのは今後のAIの進化に期待したいところだ。

2.4　農業生産者の五感の「見える化」

　農業生産者は日々五感をフル活用して農業に従事している。いや、勘も入れれば六感になるのかもしれない。静岡のメロン農家では、海水パンツ姿でハウスを見廻り、まさに肌感覚で農業をされている方もいると聞く。次世代の農業生産者を育成するためにも、農業生産者の五感である目、肌、手足、頭脳といった人間の機能を「スマート農業」の活用において置き換えることができるかが重要なファクターになっているのである。

　まず、カメラが目の代用となる。このカメラを遠隔で制御することで、遠く離れていても見たいタイミングで見たい場所をクローズアップして見ることが可能であり、農業生産者が毎日、何回も圃場やハウスを見廻り、自分の目でチェックしていた様々な作業を大幅に削減することが可能になるのである。暗闇や人間の目では見えない作物や土

壌の状態は、暗視カメラやマルチスペクトルカメラによって撮影することができる。暗視カメラは、主に夜間作業をするロボットや鳥獣害対策用に使われている。

　各種センサーが肌感覚の代用となる。気温、湿度、風向き、土壌水分、pH（水素イオン濃度）、EC（電気伝導度）、風向、風速、降雨量など様々な計測が可能である。新福青果の新福秀秋社長は土を舐めて土壌の肥沃土を測っているとお聞きした。各種センサーは、このような匠の農業生産者が永年の経験値から個人の感覚で行っている作業を可能な限り数値化するという役目を担うことができるのである。

　手足の代わりになってくれるのは、ロボットやアシストスーツである。ロボットは人間と違って、日没後の暗闇でも的確に作業ができる利点がある。現時点ではトラクターやコンバインがGPSを活用したオートステアリングなどにより、無人で動かす技術が確立している。アシストスーツは、装着することで高齢者や女性の重労働を支援し、大幅な作業効率の向上につながる。

　最後の頭脳は、これらすべてをつかさどるAIである。センサーで得た情報からロボットに最適な動きを指示するのである。データや実施作業が増えることで、ディープラーニングという手法で人間と同じく経験を積み、日々精度が上がるとともに臨機応変さも学び常に最適な作業を行う。

　今までの農業は「先輩の背中を見て覚えろ」と、まさに「暗黙知」であった。このように後継者や従業員に伝えられてきたことを「形式知」に変換、継承していくことで、従業員の早期人材育成につながるのである。

　そこで筆者はまず、農林水産省の補助金を一部活用し、有限会社新福青果の圃場に土壌水分、気温、湿度、日射量等が把握できるセンサーを配備し、データの蓄積を始めた。圃場の状態と環境を把握することと、日々の作業の相関を取ることでベテラン農業生産者のノウハウを明文化することにチャレンジしたのである。最初に効果が出たの

は、環境を一定期間モニタリングすることで、環境変化により個々の圃場や作物の状態がどのように変わるかについて一部相関を見出すことができたことである。たとえば、「水はけが悪い土壌においては雨が降る前に水が逃げる道を作らなければならない」といったことや、「降雨後に高温多湿が○○日続くことで病気や害虫の発生が増大する」といったことが予測できることで、リスクヘッジが可能になったのである。

2.5　作業日誌の共有

　環境モニタリングと並行して重要な要素となるのが作業日誌である。筆者が新福青果での農業研修期間中に若い従業員達が農場から事務所に戻ってきて、泥だらけの手で圃場ごとに何冊にも分かれたノートに今日一日のことを思い出しながら作業内容の記載を必死に行っているのを目にした。このノートは、百ヵ所近いそれぞれの圃場について「誰がいつ何をどれくらい（時間、量など）行ったか」ということを記載しているノートである。

　この記載事項の中で特に重要なのは、農薬の散布履歴（回数、量）である。農薬の散布回数は成分ごとに事細かに決まっており、この回数や成分ごとの散布量を間違えると出荷ができなくなってしまう。慣行栽培、特別栽培、有機栽培などそれぞれ使ってよい農薬の種類や量が決められており、この規格から外れると出荷ができなくなるというリスクもある。この農薬散布という、病害虫を防ぐ確度の高い唯一のリスクヘッジの手段でありながら、この作業自体が農業生産において人的ミス発生のリスクになってしまっているのである。

　さて、このノートへの詳細事項の記載は社長の指示であり、素晴らしい取り組みだと思ったが、いざ自分が記入する側になると、ノートの記載はもちろんのこと、何十冊にもなるノートから対象の圃場の

ノートを探し出すだけでも時間がかかり、どこにどのように記載するのか？　等々、従業員には大きな負担となっているのが判明した。圃場が増えれば増えるほど、せっかく精緻に記載していても、データ（ノートのこと）が不注意によって消えてなくなってしまうリスクが出てきてしまっている。

　また、フォーマットフリーでの記載となっていたので、従業員個々のそれぞれの思いや感性やスキルさらにはバックボーンの違いにより、記載内容の濃淡の差分が歴然とし、レベルに差が出てしまっていたのである。これは、従業員間にそのノートをより良い農業生産物を作るために利活用するという意識がなく、ノートに記載することが目的になってしまっていたためだと想定される。

　新福青果の従業員達は、社長の元で様々な作業指示を受けて日々仕事を行うが、自分の作業が全体のどの役割を担っていて、各種状況（環境や作物）をトリガーに次の作業をどう進めるか、プライオリティはどう決めるか、などを理解できないまま日々仕事を実施している傾向にあった。これでは作業の仕方は覚えても、経営センスなどは磨かれない。結果的に経営者サイドも従業員サイドも双方が不幸な状況に陥るのだ。

　筆者はこういった状況を変えないと、ICTを用いて作業日誌を構築しなおしたとしても手書きがソリューションとなっただけで、それ以外の効果が期待できないと踏んだ。この作業記録用の手書きノートがパソコンやスマートフォンを使っていつでもどこでも入力が可能となり、クラウド環境により、関係者の誰もがタイムリーに閲覧できることにより、進捗や遅れ、農薬散布回数の間違いなどの人的ミスなどを減らすことができるだけでなく、蓄積したデータから農業生産者が現在までの長い年月を経ても気が付いていなかった事象などを洗い出すことにより、早期にリカバリーをはかることで結果的に収穫量の向上につながるのではという仮説を立てた。

　当時、携帯電話の主流は、まだ通称で「ガラケー」と呼ばれる「フュー

チャーフォン」であった。そのため、最初はパソコン上で動作する作業日誌ソフトを制作したのである。しかしながら、日々の業務の忙しさなどから、その作業日誌ソフトを使っての日誌の記録はほとんどされず、大事なデータの蓄積が筆者の予想通りには進まなかった。ノートであれば手書きですぐ終わるのにもかかわらず、パソコンに向かい合ってキーボードを使っての入力は、普段パソコンに接する必要がなかった従業員の方には非常にハードルが高かったのである。ここでの大きな課題の1つは、ユーザーインターフェイス（UI）やユーザーエクスペリエンス（UX）であった。なぜなら日中太陽が高いと液晶画面が見づらく、軍手を外した手も泥だらけで入力が困難であったりするからである。

　昨今は防水のスマートフォンも出てきているが防水スマートフォンであっても濡れた手で操作をするのは不可能だ。その結果、スマートフォンに通常ビルトインされている、音声入力を活用することでフリック入力の困難さを回避していた。

　このような実証【PoC（Proof of Concept）】期間を経て、自社で保有するすべての囲場の作業を俯瞰して見ることで、作業の優先順位の把握ができるようになり、毎日の作業分担を綿密に立てることが可能になった。これらを受けて、農薬の散布回数間違いなどの作業ミスによる出荷不可能な農業生産物を大幅に削減ができ、歩留まりが向上したのである。また従業員サイドも、日々の作業の指示を受けてただ実行するのではなく、作業の進捗や顧客への出荷予定日などから思考するようになり、結果的に管理者の作業も大幅に激減する結果になった。

　ICT機器を使って最先端なことをやっているというかっこよさと、自分の作業が全工程のどこであり、次に何をするべきなのか、自分の作業が早く終わったら誰を助けに行けばよいのかなどが把握できることで、従業員サイドにも情報を利活用することの面白みや重要さを理解してもらえるきっかけになったのである。

　これは農業生産物を生産している生産部門の従業員は当然のこと、

農業生産物販売を担当している営業部門のモチベーションとスキルの向上に多大なる貢献をした。自社の圃場で今どの作物がどれくらい作付けされていて顧客が必要な時期にその農業生産物が出荷できるのかできないのかを即座に把握できることで、ビジネスチャンスを逃すことが減ったのである。

このように作業日誌をクラウド化し従業員皆で共有するようになっただけで、毎日指示待ちであった従業員達が自分で考えて行動するようになり、生産性向上につながったのである。

2.6 農業生産におけるコスト

作業日誌に作業や農薬・肥料さらには使った農業機械などを記載することによって、農業生産に掛かるコストも見えてくる。主には種苗代、資材代、農薬代、肥料代、農業機械の原価償却、それに人件費といったところである。しかしながら、その他の個々の品目、品種さらには圃場ごとのコストを明確化するところまで精緻に管理を行えてはいなかった。

そこで筆者らはこれらを精緻に積み上げ、圃場ごとのコストを明確化するトライアルを実施した。まず実施したのは各種データベースの整備である。従業員・肥料・農薬・資材・品種・種苗（品種）・圃場・作業・作型などについて使っている物をすべてリストアップし、それぞれにユニークな番号を付与し、データベースを構築した。

従業員データベースについてはスキル＆ノウハウで単金（1時間あたりの賃金）を分けた。また、肥料・農薬・資材・種苗のそれぞれのデータベースについては購入形態ごとに単価を設定した。農業機械については稼働時間を記載し、人件費については個々の従業員がそれぞれの圃場および作業にどれだけ時間をかけて働いているかを精緻に把握するために、圃場ごとにそれぞれの作業時間を記載することにした

のである。

　このように「スマート農業」を実践するには、最初にかなり綿密な準備が必要になるのである。従来の「どんぶり勘定」で長年営んできた農業生産者には、かなりのハードルであることがここで理解されるであろう。

　さて、これら主要コスト要因の中で農業生産者がそのコスト把握に一番苦労するのはやはり人件費である。当初は日々の作業が終わった後に PC にて記載をしていただいていたが、1 日の作業においてどの圃場で何時から何時まで何の作業を行ったかということを思い出しながら記載するのは、筆者自身も実施したが大変難しいものであった。そこで、スマートフォンアプリを用いて現場（圃場）にて入力ができるようにすることで、比較的正確なデータが蓄積できるようになったのである。

　こうして作業日誌を精緻に記載することにより、それぞれの圃場ごとに使われた費用の内訳が見えてきたのである。種をまく（播種）、苗を育てる（育苗）、苗を植える（定植）、農薬や肥料の散布、除草といった各種作業をいつ、だれが、どの機材を使い、どのくらいの時間をかけ、どのくらいの量を撒いたかといったことが積みあがることで生産コストが見えてくるのである。

2.7　匠の農業のノウハウ

　次に筆者は、匠の農業生産者の五感から成り立つ経験や勘といった各種ノウハウを既存のセンサーで得たデータとの相関を見出すことができれば、新規に参入する農業の初心者が見ても容易に理解や取り組みができ、長い年月を経なくても効率的に農業生産について学ぶことができるのではないかという仮説を立てた。

　しかしながら、昨今右肩上がりで急増している農業生産法人の組織

形態の1つとして、昔ながらの近隣の農業生産者が集まって1つの法人を形成している組織が少なくない。長年個々の農法によって生産を行ってきた匠が集まって1つの農業法人を形成すると、それぞれが個々の永年培ったこだわりを主張しているために、組織としての生産方法が定まっていない事象が多く見かけられる。そこに新たに加わった従業員は、同じ内容の質問をしても、質問する相手（匠）によって返ってくる答えが大きく違ってくるということに困惑してしまうのである。これでは、組織としての判断に起因するパラメータ（尺度）や閾値を定めることは不可能であり、いつまで経っても農業法人としてのマニュアルの作成には至らないと判断した。そこで筆者は、生産にかかわるすべての従業員を同じ会議室に集め、生産方法を品目、品種ごとに1つ1つ整理することから始めることにした。

　農業の匠と呼ばれるベテランの農業生産者は、天候や土壌、作物の育成状況などを把握し、いつ、どこで、どれだけ水や農薬、肥料を撒くかといった「判断」をしている。この状況に応じた「判断」こそが、農業の匠のノウハウやナレッジであり、これをICTも含めたあらゆる手段を駆使することで明文化ができれば、後継者に継承がしやすくなるのではないかという仮説を立てたのである。

　筆者がこれを提案した当初、従業員からは「忙しい中、なんて無駄なことをさせる気だ！」という反発も多くあったが、ここでは、株間や畝間の間隔、土を盛る時の畝の高さなどから始まり、農薬の希釈倍率など生産コストにかかわることや、各種リスク発生時の回避策やタイミングなど注意点を洗いざらい抽出し、組織内の平準化を図ることを地道に進めることを行った。その結果、新福青果ならではの作り方が1つの冊子となったのである。この冊子にのっとってセンサーで測れることと人間が測らなければならないことを分けた上で、圃場に設置した各種センサー類の閾値の目途を定めた。

　この最初に決めた閾値は、数年かけてPDCAサイクルを何度もまわすことにより年々最適化され、新しく入ってきた従業員が作業を行っ

ても作業の精度や農業生産物のクオリティが均一になっていくのである。当初、反発していた従業員も「組織としての判断基準ができたお陰で、現場で発生した各種課題にタイムリーに対応することができるようになった」と言っていただけるようになったのである。

　これが農業の匠のナレッジを明文化する第一歩となったのである。このように「スマート農業」を実践するには、農業生産者の旧来の精神や体制、視点など多くの変革を伴わなければ実現困難なのである。

2.8　地域活性化・地方創生

　昨今、アベノミクス（2012年12月に誕生した安倍晋三内閣の経済政策）の一環で地域活性化実現に向け取り組まれた「地方創生」において、クローズアップされたのが「スマート農業」である。通常「田舎」と表現される大都市圏以外の多くの地域において、「農林水産業」が地域の重要産業である所は少なくない。結果的に「地方創生」のテーマとして、「農林水産業において、何か革新的なテーマに取り組もう！」となるシーンが非常に多い。そこで、農林水産業で新しいことを実現しようとするとICTやAIさらにはロボット（ドローンなども含まれる）を思い浮かべ、これらを「スマート農業」のベースとした方向性に大抵着地してしまうのである。

　この影響により、筆者のところにも「地方創生の補助金を得て地域の農業にイノベーションを起こしたいのでアイデアが欲しい」というご相談を多々受けることになった。その地域に昔からある農業生産物をさらにアピールすること、もしくはまったく新しい農業生産物を掲げてブランド化するために「スマート農業」を活用するという取り組みである。ちなみに筆者の住む八王子では、パッションフルーツをブランド化しようと自治体をあげて努力されている。

　筆者のところに寄せられる地方創生のご相談のほとんどが、この

「地域の農産物のブランド化」もしくは「さらなる知名度向上」といったものである。さて、今までの地域のブランド化活動と言えば、その農産物の広告塔となる○○娘を選定するようなイベントを催したり、多大なデザイン料をかけてパンフレットや幟（のぼり）を作ってしまうという事例がほとんどで、費用のわりにこれはという効果のある打開策になっていないと思われる。筆者に相談があった案件において、このようなことに地方創生の費用を計上しがちなところは、「この地域ならではの農業の生産方法を見出すことが先決です！」と一生懸命に説明を重ねて「その費用を生産方法の確立にまわしましょう！」と提案をさせていただくのである。こうして地域ぐるみの試行錯誤が始まるのである。

　筆者が「農業生産物をキーにした地方創生」の支援に入る場合、自分達の作り方がどこまでマニュアル化されているかに着目する。実際はほとんどの事例においてマニュアル的なものが存在しない場合が多い。初年度は、まずこの取り組みに参画してくれるイノベーター気質のある農業生産者を参加希望者へのアンケートやヒアリングにて絞り込むところから始まる。

　ここで"やらされてる感"満載の方々と付き合うとステークホルダー皆が不幸になる。この時、ブランド化を目指す特定の品目が決まっていればよいが、そうでない場合は品目ごとに最低でも3組の農業生産者にお付き合いいただく前提で実証対象の農業生産者を選定し、その事業規模や予算に沿ったセンサーやソリューションで環境データと作業記録を蓄積することを始める。

　これと並行して、同じ品目の生産者が集まりその地域ならではの生産方法について会議室で1つ1つ決めていきマニュアル化を進めていく。このマニュアルと蓄積データをもとにPDCAサイクルをまわし、精度を高めていく。これをだいたい3年間で完成させることを目指すのだ。もちろん予算次第になる部分が多いので、そこは臨機応変に対応する。最終的には、地理的表示保護制度の取得、機能性表示野菜の

認定、G-GAP 取得などをゴールとして定めて挑むのがよいと筆者は提案をさせていただいている。

3. 「スマート農業」普及に向けた政府の取組

　過去、国内にパーソナルコンピューターが台頭して以来、農業の分野に ICT を導入しようという考えや動きのウェーブが何度かあった。しかしながら、インフラ（サーバーやストレージ、ネットワーク）や情報セキュリティなどの整備を意識すると農業という業種においてコスト面で見合わず、非常にハードルが高いものであった。したがって、ICT 企業側も農林水産業における活用シーンは描けても、顧客となる農業生産者の値頃感との大きな乖離があるため、大きなビジネスにはならないと判断し、その多くが取り組むことを躊躇し、実際にトライされることさえもなかったのである。この失敗体験が農業生産者や ICT 企業だけでなく政府関係者にも根強く浸透しており、「ICT で農業をどうにかできるわけがない」という先入観が横行し、重い腰があがらない状況が長く続いていたのである。

　しかしながら、昨今のクラウド・コンピューティングの登場により、コンシューマーにおいてもインフラの有無にかかわらず「インターネットを通じて、サービスを必要な時に必要な分だけ利用する」ことが可能になった。このことが、今まで躊躇していた多くの ICT 企業の考えを変えたのである。これを受けて、2008 年に筆者らはいち早く「スマート農業」実現に向けた実証実験に入った。これが政府や他企業の目にとまり、「スマート農業」が次世代の日本を活性化するカンフル剤の 1 つとして期待されるきっかけになったのである。

　本章では、ここ 10 年間の政府の取り組みについて整理して記載する。各省庁での取り組みは、個々に実施されてはいるが、内閣情報通信政策監（政府 CIO）の監督下の元、連携して実施されていた。

　なお、筆者が農林水産省職員として調査した「スマート農業」事例については、農林水産省のホームページに「農山漁村における ICT 活

用事例」として公開されているので別途ご覧いただきたい。本事例が、農業高校向けの農業経済の教科書にも「農業と情報」として一部掲載され、農業高校の学生が初めて「スマート農業」に接する機会にもなっている。

3.1　農業分野における情報科学の活用に係る研究会（2009年度）

2008年に筆者らが、「スマート農業」実現に向けて実証を開始してすぐの2009年には、農林水産省においても「先端技術を農業分野にも応用し、高度な農業技術を次世代へ円滑に受け渡せるようにしていくとともに、農業生産技術の自動化、ロボット化等への応用を促進すること」を目的として、「農業分野における情報科学の活用に係る研究会」（計4回）が開催された。研究会は、高度な農業技術を次世代に円滑に受け渡すための情報科学の活用等についての議論を行い、同年8月に報告書「AI（Agri-Informatics）農業の展開について」を取りまとめた。

その結果、「生産技術やノウハウについてデータマイニング技術等を用いて解析することにより、農業者にアドバイスを行う支援ツール（AIシステム）を構築し、このシステムを中核に据えた農業生産技術体系の確立を進める。さらに、農業経営にも適用できるようシステムの展開を図り、世界でも例のない新しい農業の姿を目指す」ことになり、外部有識者等から考慮すべき事項として次のようにまとめられた。

- 農家の高齢化・減少の実態を踏まえ、篤農家のもつ優れた「匠の技術」等を速やかにデータベース化していくことが重要
- データの収集にあたっては、データの種類や取得方法を統一するとともに、コンピューターのOSや環境など（プラットフォー

ム）を統一することが重要
- システム開発に先立って、技術や経営に係る項目を体系的に整理したもの（スキルスタンダード）を作ることが重要
- 開発したシステムを誰がオペレーションしていくのかについて、あらかじめ考えておくことが重要

また、今後取り組むべき事項として、以下のようにまとめられた。

- プロトタイプの AI システム開発における基本コンセプトの構築
- AI システム実用化時におけるビジネスモデルの検討
- AI システムが生み出す知的財産に係る諸問題の整理と対応方策の検討

（詳細は、農林水産省のホームページに報告書が掲載されているので参照いただきたい）

　この研究会で決められた方向性は、現時点でも変わっていない。農林水産省が主体的になって開催したこの研究会が、今回の何度目かの「ICT 農業」ブームの火種になったのである。

3.2　アグリプラットフォーム　　コンソーシアム（2010 年度～）

　上記研究会をきっかけに、外部有識者であった慶應義塾大学の神成敦司准教授（当時）と、農林水産省大臣官房政策課の技術調整担当の榊浩行参事官（当時）の方向性が合い、「その時々の自然環境や作物の状態を的確に把握し、最適な農作業を識別して適用していく"匠の技"をさらに高度化するとともに、篤農業生産者の権利を確保する仕組みを整えた上で、より多くの農業生産者が利用できることが重要であ

る」と 2010 年に慶應義塾大学が主体となって、下記目的達成のために「アグリプラットフォームコンソーシアム」を設立された。

1. 匠の技のノウハウの伝承
2. 篤農家の匠の技のデータ化
3. 知的財産の活用と保護
4. 農業のサービス産業化
5. 情報蓄積・活用を促す標準化とプラットフォーム構想

参加メンバーは、慶應義塾大学を筆頭にした各種研究機関、大手農機メーカーや大手 ICT 企業、農林水産省を筆頭にした関連省庁にて構成されている。現在まで約 8 年間続いており、コンソーシアムメンバーにて各方面からの有識者の意見を聞くことで日本の農業の目指すべきビジョンの策定とともに、具体的施策のアイデアを創造する活動を行っている。

3.3 農業分野における IT 利活用に関する意識・意向調査（2012 年農林水産省）

筆者は、2012 年 5 月から 3 年間、農林水産省の職員として農業現場の ICT 利活用推進に係る業務を担当することになった。そこで最初に農業生産者の ICT 利活用の状況を知る必要性を感じ、「農業分野における IT 利活用に関する意識・意向調査」（2012 年 9 月 28 日公表）を実施した。この調査は、2012 年 7 月中旬から下旬にかけて、農林水産情報交流ネットワーク事業の農業生産者モニター 1,269 名に対して実施し、1,062 名から回答を得てまとめたものである。農林水産省にて公表されている情報から筆者の注目点を次に示す。

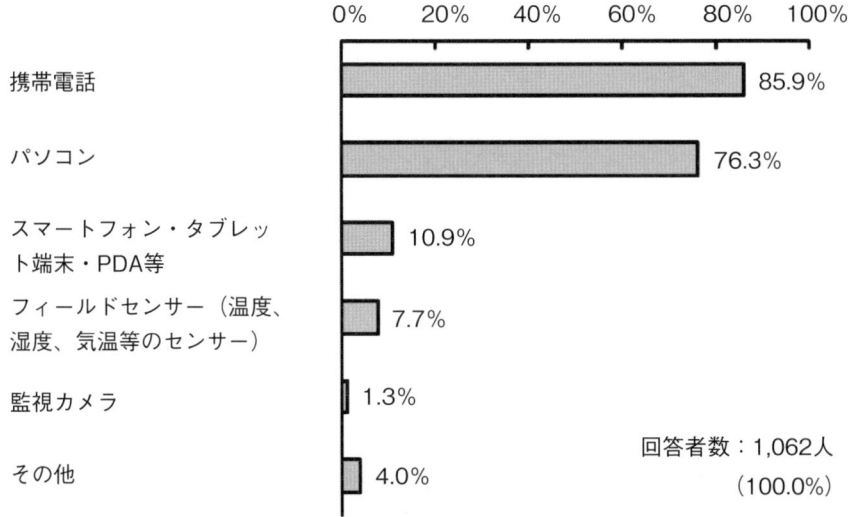

図 3-1　ICT 機器等の所有状況
農業分野における IT 利活用に関する意識・意向調査より引用（2012 年農林水産省）

(1) ICT 機器等の所有状況

　ICT 機器等の所有状況については、「携帯電話」(85.9%) および「パソコン」(76.3%) は 7 割以上が所有している (**図 3-1**)。

(2) ICT 機器等の経営への利用意向について

　今後の ICT 機器等の経営への利用意向については、「これまでにも経営に利用しており、今後も利用したい」と回答した割合が 50.4%、「これまで経営に利用していないが、今後は利用したい」が 21.7% となっており、利用意向がある農業生産者の割合は合わせて 72.1% となっている (**図 3-2**)。

　「これまでにも経営に利用しており、今後も利用したい」と答えた農業生産者について現在の利用状況をみると、「インターネットによる栽培、防除、気象、市況等情報収集」の割合が 69.2% と最も高く、次いで「経理事務や経営に関するデータ分析」(67.1%)、「農作業履歴や出荷履歴の記録」(48.8%) の順となっていた。

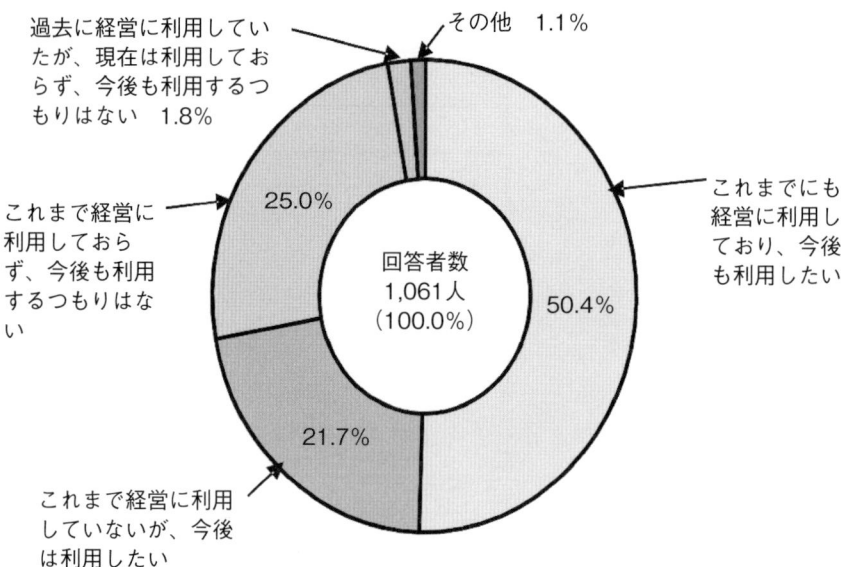

図3-2 IT機器等の今後の経営への利用意向
農業分野におけるIT利活用に関する意識・意向調査より引用（2012年農林水産省）

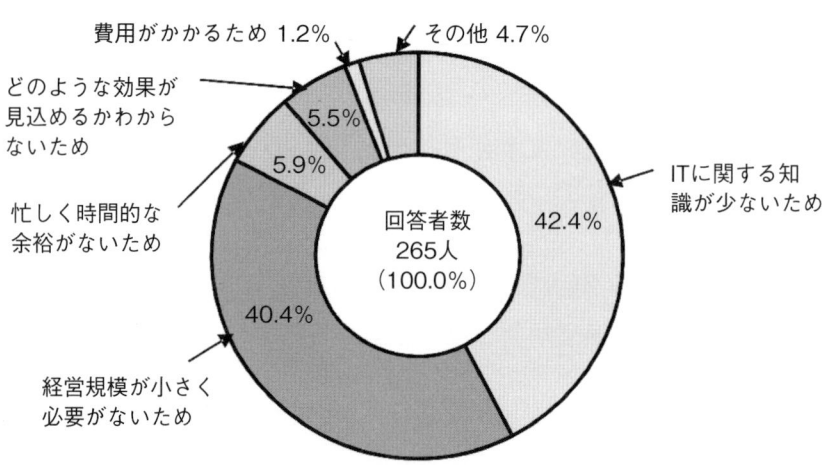

図3-3 IT機器等を経営に利用しようと思わない理由
農業分野におけるIT利活用に関する意識・意向調査より引用（2012年農林水産省）

「これまで経営に利用しておらず、今後も利用するつもりはない」と答えた農業生産者について、経営に利用しようと思わない理由をみると、「ITに関する知識が少ないため」の割合が42.4％と最も高く、次いで「経営規模が小さく必要がないため」（40.4％）の順となっている（図3-3）。

(3) 農林水産分野においてICTの利活用を促進するための取り組みについて

　農林水産分野においてICTの利活用を促進するための取り組みについては、「地域において農業分野におけるICT利活用に精通したサポート人材の充実」の割合が60.2％と最も高く、次いで「地域の営農の実情に応じた農業分野におけるICT利用技術の開発、実証」（41.1％）、「地域での勉強会や意見交換会の企画」（38.2％）の順となっている。

　「スマート農業」がスピーディに普及しない理由として、「高齢者が多いためにITリテラシーが低いのではないか」と諦めてしまう人が多いのであろうと思われた。しかし、上記の6年も前の調査結果においても、農業生産者の約76％はパソコンを所持し、約86％は携帯電話を所持している。さらに、農業経営にICT機器を活用している人も50％を超えている。今後活用を検討している方も含めると70％になることが判明した。この結果から見ても、農業現場でスマート農業が普及しない理由の第一に挙げられる高齢者のITリテラシーの低さとはまったく関係がないということがわかった。

　この結果を受けて、比較的大規模生産が多い農業法人の数の推移について目を向けてみると、統計開始以来現在に至るまで年々増加しており、1経営体あたりの面積も10年間で倍増している。よって今後も増え続け、大規模化が進んで行くのが明らかに予見される。この状況から、モニター調査において、「経営規模が小さく必要がないため」と答えた層は、今後確実に減っていくと予見される。このように次世

代の農業を担う農業生産者（スマートファーマー）が作る作付面積は今までとは違い、大規模になり、KKO（経験、勘、思い込み）で行われていた農業に限界がやってくるのだ。永年日本の食を担ってきた家族経営の小規模農業生産者だけではなく、法人格をもった大規模農業企業が共存を始めるのである。したがって、今後の経営規模が増大した農業生産法人の大幅増加により、「スマート農業」の実践者が増えると充分に想定される。

3.4 「日本再興戦略」＆「世界最先端IT国家創造宣言」（2013年）

多くの方々に記憶の片隅に残っていると思われる政権与党・民主党が内閣府に設置した行政刷新会議（事業仕分け）の文部科学省予算仕分けの際に、計算速度世界一を目指す次世代スーパーコンピューター（スパコン）の研究開発予算267億円の妥当性を審議した時の仕分け人、蓮舫参議院議員の「世界一になる理由は何があるんでしょうか？2位じゃダメなんでしょうか？」という発言を皮切りに、民主党政権時代は、ICT関連予算は全体的に大幅な削減傾向にあり、「スマート農業」に関する各種施策も進捗が鈍化し下火になっていたのが実情であった。その後、第二次安倍内閣発足によって方向性が大きく変わり、2013年5月21日、安倍総理は、農林水産業・地域が将来にわたって国の活力の源となり、持続的に発展するための方策を幅広く検討を進めるために、総理を本部長、内閣官房長官、農林水産大臣を副本部長とし、関係閣僚が参加する「農林水産業・地域の活力創造本部」を設置した。その第1回会合における総理の「攻めの農林水産業」発言を受けて、「スマート農業」が加速し始めたのである。また、安倍総理の成長戦略として、2013年6月14日閣議決定された「日本再興戦略」を受けて、各関連省庁および関連部局においても、製造業の国

際競争力強化や高付加価値サービス産業の創出による産業基盤の強化、医療・エネルギーなど戦略分野の市場創造、国際経済連携の推進や海外市場の獲得などを掲げた。

「日本再興戦略」中で記載された農業に関係するKPIを下記に示す。

- 今後10年間で全農地面積の8割が担い手に利用されている。
- コメの生産コストを現状比4割削減する。
- 法人経営体数を5万法人にする。
- 2020年に6次産業の市場規模を10兆円（現状1兆円）にする。
- 2020年に農林水産物・食品の輸出を1兆円（現状約4,500億円）とする。
- 今後10年間で農業・農村全体の所得を倍増する。
- 新規就農し定着する農業生産者を倍増させ、10年後に40代以下の農業生産者を約20万人から約40万人に拡大する。

どれも明らかな根拠に基づいたKPIではなく、努力目標的な数値であることが一目瞭然であるが、この中で「2020年に農林水産物・食品の輸出を1兆円」にするという目標については、2017年に輸出した農林水産物と食品は前年より7.6％多い8,073億円（速報値）で、5年連続で過去最高を更新した。この結果、政府は、2020年を待たずに達成が可能と判断し、後に「2019年に1兆円」という目標に変更した。

さて、2013年は内閣情報通信政策監（政府CIO）制度創設元年でもある。過去の歴史では存在しなかった内閣情報通信政策監を内閣官房に新たに法的に位置付けた。IT総合戦略本部に参画することで、政府全体のIT政策の司令塔として機能しはじめたのである。また、「日本再興戦略」が閣議決定された同日に、日本のICT戦略としては初めて閣議決定された「世界最先端IT国家創造宣言」では、上記「日本再

興戦略」のKPIをICTの活用によってどのようにイノベーションを起こし、実現につなげるかというビジョンや方向性（規制緩和や実証）が記載された。この「世界最先端IT国家創造宣言」の中で記載されている農業のKPIとしては、「篤農業生産者のノウハウのデータ化などにより、ICTを高度利活用する新たなビジネスモデルを構築し、国内外に展開することで、農業だけではなく農業資材・機械等の農業関連の周辺産業も含めた産業全体の知識産業化（ナレッジ・イノベーション）を図り、海外にも展開する"Made by Japan農業"を実現すること。あわせて、農場から食卓までをデータでつなぐトレーサビリティ・システムの普及により、小規模事業者も含むバリューチェーンを構築し、付加価値の向上との相乗効果による安全・安心な"ジャパンブランド"の確立を図り、ICT利用技術により生産された農産物と当該技術の海外展開を成長軌道に乗せることである。また、データ・ノウハウを商品とセットで販売するなどの複合的なサービスの展開を図り、業界の主要収益源の1つに成長させる」とされている。

3.5　スマート農業の実現に向けた研究会　（2013年農林水産省）

「日本再興戦略」と「世界最先端IT国家創造宣言」の閣議決定を受けて、農林水産省では、生産局技術普及課生産資材対策室スマート農業推進班が中心となり、「スマート農業の実現に向けた研究会」を2017年に至るまで計6回開催している。なお、検討結果の中間とりまとめ（2014年3月28日公表）の中において、ロボット技術やICTの導入によりもたらされる新たな農業の姿を以下の5つの方向性に整理している。

① 超省力・大規模生産を実現
　トラクター等の農業機械の自動走行の実現により、規模限界を打破

② 作物の能力を最大限に発揮
　センシング技術や過去のデータを活用したきめ細やかな栽培（精密農業）により、従来にない多収・高クオリティ生産を実現

③ きつい作業、危険な作業から解放
　収穫物の積み下ろしなどの重労働をアシストスーツにより軽労化、負担の大きな畦畔等の除草作業を自動化

④ 誰もが取り組みやすい農業を実現
　農業機械の運転アシスト装置、栽培ノウハウのデータ化等により、経験の少ない労働力でも対処可能な環境を実現

⑤ 消費者・実需者に安心と信頼を提供
　クラウドシステムによる生産情報の提供等により、産地と消費者・実需者を直結

　「スマート農業の実現に向けた研究会」における検討を踏まえて、圃場内や圃場周辺から監視しながら農業機械（ロボット農機）を無人で自動走行させる技術の実用化を見据え、安全性確保のためにメーカーや使用者が遵守すべき事項等を定めた「農業機械の自動走行に関する安全性確保ガイドライン」が2017年3月31日に策定されている。

3.6 農林水産分野におけるIT利活用推進調査（2014年農林水産省）＆農業情報（データ）の相互運用性・可搬性の確保に資する標準化に関する調査（2014年総務省）

　農林水産省では、2012年に実施した「農業分野におけるIT利活用に関する意識・意向調査」、2013年から開催されている「スマート農業の実現に向けた研究会」を受けて、「農業ICTシステムの現状把握」と「農業ICTシステムの効果分析」、さらには、「スマート農業」普及の足かせとなっている課題の洗い出しを目的とした「農林水産分野におけるIT利活用推進調査」（2014年）を実施した。

◆**農業ICTシステムの現状把握**
　① 作業等の記録に注力したシステムが多い一方、データ活用のための機能を保有するシステムは限定的。
　② データの所有・利用に関する規約等を準備していないシステムが4割以上。
　③ データベースの作成に統一的な手法がなく、各社独自に対応。
　④ 標準化の推進肯定的な意見が多いものの、目的の明確化や体制、各農業生産者の状況に対応可能な仕様検討について課題が指摘されている。
　⑤ 現時点で何らかのGAPに対応しているシステムは約3割。
　⑥ 国に期待することは、農業ICTシステムの普及支援（中小農業生産者含む）とデータ活用・連携の基盤づくり、資金援助など。

◆**農業ICT利活用の効果分析**
　① ICTが農業経営に必要不可欠となる環境変化があり、それに対応してきたこと。

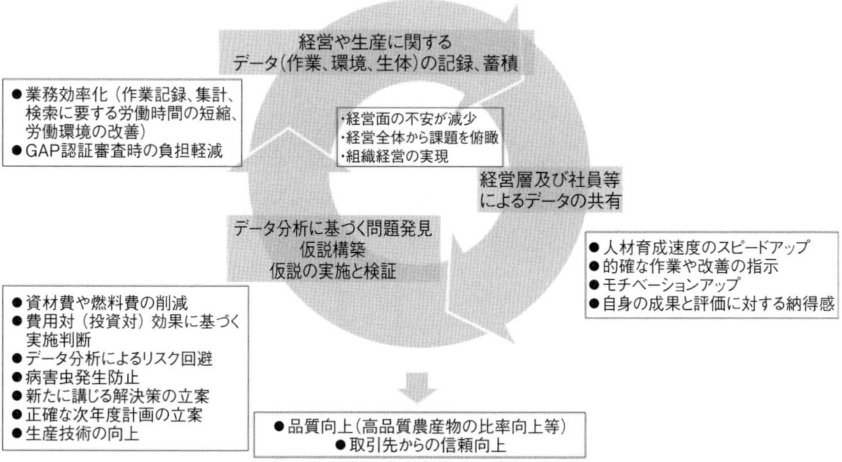

図 3-4　農林水産分野における IT 利活用推進調査報告書より引用（2014 年農林水産省）

② ICT の導入により解くべき課題（ターゲット）が明確であったこと。
③ 明確な経営戦略のもと、組織・人材・業務・情報が総合的にデザインされてきたこと。
④ ICT 導入効果を生み出す源泉は、作業・環境・生体情報に関するデータの記録・活用。

　この調査の中で、農業分野で ICT を活用するにあたっての課題として「異なるサービス間での情報連携が困難であること」と「農業情報の知的財産の扱いが不明確なまま情報蓄積が進んでいること」の 2 点があることがわかり、作業、作物（品目、品種）、農薬、肥料などの「農業関連データ」の標準化の必要性が明らかになったのである（図 3-4、図 3-5）。

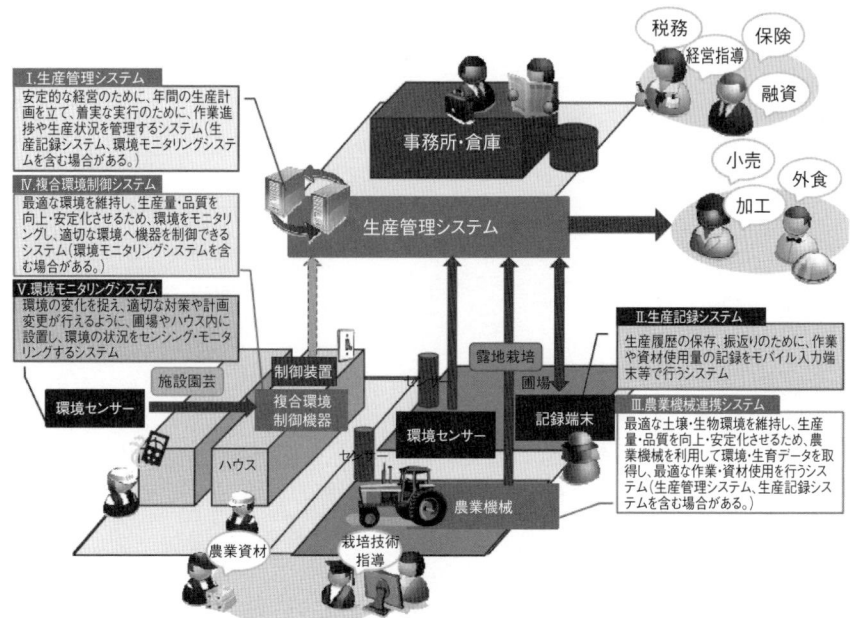

図 3-5 農業情報（データ）の相互運用性・可搬性の確保に資する標準化に関する調査（2014年総務省）から引用

3.7 革新的技術創造促進事業（異分野融合共同研究）（2014年～2017年）

農林水産省には、農林水産技術会議事務局という日本の農林水産分野の研究を取りまとめている部門が存在する。以前は、多収穫量米の研究など生産サイドの研究が主体であったと思われるが、これまでの「スマート農業」の各種施策の方向性がでたことにより、生産から消費までの一連の流れの中での研究材料を取り扱う研究者もかなり増加してきている。

これまでの成果に加え、「科学技術イノベーション総合戦略」（2013年6月7日閣議決定）や「異分野融合研究の推進について」（戦略、2013年8月30日農林水産技術会議事務局策定）に則り、農林水産

省は、以下の4つの分野を選定し、外部専門家による研究戦略検討会（2014年2月～4月）を開催した。

① 医学・栄養学との連携による日本食の評価
② 理学・工学との連携による革新的ウィルス対策技術の開発
③ 情報工学との連携による農林水産分野の情報インフラの構築
④ 工学との連携による農林水産物由来の物質を用いた高機能性素材等の開発

　事業の趣旨としては、「農林水産・食品産業は、食を通じて人の生命や健康の維持に直結し、人が自然環境に手を加えることにより継続する産業であるため、その研究には、医学、工学、理学等の異分野との関わりが深いものがある。これらの分野との融合研究により技術革新とそれを通じた農林水産・食品産業の成長が期待されており、異分野と連携して研究開発を行うことが効果的な課題について、異分野の産学との共同研究を支援する」と記載されている。
　この中の「情報工学との連携による農林水産分野の情報インフラの構築」が「スマート農業」関連研究分野にあたる。研究戦略検討会を経て策定された異分野融合研究戦略（2014年5月15日農林水産省公表）をベースとして、農林水産各分野でのICTを活用した各方面の研究が実施されはじめたのである。
　この各分野について、拠点となる研究機関（拠点研究機関）を公募し選定した。その拠点研究機関に連携プラットフォームを設置して、各種の研究ワークショップを開催したり、公募型の補完研究も行った。
　名古屋大学が主体となって進めた「ICT活用農業 事業化・普及プロジェクト」（2014年度～2016年度）は、「農業分野にICTを活用して、農作業の軽減や農業収入の増加を図り、若年就農者にも魅力ある農業を実現する取り組みを行う。すなわち、個々の圃場の生育環境、農作物の生育状況などの情報をセンサー等から取り入れ、これらを元

に栽培管理作業や経営情報など必要とされるサービスを農家に提供するために、安価でユーザーフレンドリーなシステムを開発し、国内農業を強化すべく農業 ICT の普及に向けた取り組みを行う」として、高額のため農業現場での普及が難しかった各種センサーの実用化に向けた研究や農業生産者に使いやすいユーザーインターフェイスの研究、今までになかった農業向けのセンサー研究、情報基盤プラットフォームやそこに搭載する際の API の研究などのほかに、下記 8 つの補完研究を実施した。

① 低層リモートセンシングによる作物モニタリングを用いた効率的栽培管理システムの構築
② 超微量ガス検知技術を用いた園芸作物の病害早期発見／診断センサーの開発
③ 植物状態と作業行動記録による気づきナレッジの開発とその現場実証
④ 農業情報標準の相互運用性を Web Service として実現する情報プラットフォームの開発と実証
⑤ 情報入力・通信環境機能を備えた低価格センサーシステムの全国圃場への導入と共通データベース・情報共有システムの構築による実証試験
⑥ 生理生態学的分析を可能にする低コストモバイルセンサーと次世代農業ワークベンチの開発
⑦ 中小農家が使いやすい栽培ナレッジ共有オープンシステム開発と検証
⑧ 生産者と消費者等の双方向の情報流通／野菜・コメの総合的品質指標の開発・実装

3.8　クラウド活用型食品トレーサビリティ・システム確立（2014年度）

　食・農の分野でいち早くICTが使われたのは、いわゆる農業生産物の出し入れにあたる「トレーサビリティ」である。2014年農林水産省食料産業局は、次世代のトレーサビリティの姿を明らかにすべく、「クラウド活用型食品トレーサビリティ・システム確立事業」を実施した。その目的として、「農林漁業者・食品事業者の新たな事業機会の創出、取引先の拡大等を実現し、ひいては農林漁業・食品産業の活性化を図ることを目的に、関係者が広く利用可能なクラウドを活用した食品情報システムを構築するためのグランドデザインを策定。グランドデザインでは、生産者・消費者・中間事業者のシステム利活用イメージと期待される効果、主要機能と活用すべき技術等についてとりまとめるとともに、普及に向けた課題を整理する」と記載されている。

　また、農業法人、流通・外食企業が委員となり、情報流通が伴う「次世代のトレーサビリティ・システム像（グランドデザイン）」について議論し、方向性をまとめた。こちらも農林水産省のホームページに「2014年度クラウド活用型食品トレーサビリティ・システム確立委託事業の成果報告について（委託事業）」として掲載されているのでご覧いただきたい。

3.9　戦略的イノベーション創造プログラム（SIP）（2014年〜）

　内閣府総合科学技術・イノベーション会議が司令塔機能を発揮して、府省の枠や旧来の分野を超えたマネジメントにより、科学技術イノベーション実現のために創設した国家プロジェクトである。国民にとって真に重要な社会的課題や、日本経済再生に寄与できるような世

界を先導する 10 の課題に取り組んでいる。各課題を強力にリードする 10 名のプログラムディレクター（PD）を中心に産学官連携を図り、基礎研究から実用化・事業化、すなわち出口までを見据えて一気通貫で研究開発を推進するという活動である。その中の 1 つとして、「次世代農林水産業創造技術推進委員会」があり、現時点で計 8 回開催されている。目標としては、下記のように記載されている。

（ⅰ）農業のスマート化

　ロボット技術、ICT、ゲノム編集等の先端技術を活用し、環境と調和しながら、超省力・高生産のスマート農業モデルを実現する。これにより、世界をリードする技術や日本型生産システムを確立し、知的財産化・標準化して海外展開も狙う。

（ⅱ）農林水産物の高付加価値化

　農林水産物や食品がもつ健康機能性による差別化や未利用資源からの新素材開発により農林水産物の高付加価値化を図ることにより、国際競争力の強化や新たな地域産業の創出に寄与する。

　後に出てくる「農業データ連携基盤」の構築もこれら研究結果により、詳細化され、構築に至ったものである。

3.10　農業情報創成・流通促進戦略 （2014 年 6 月）

　筆者が「スマート農業」にかかわりはじめた 10 年前は、この分野における企業は少なかったが、昨今のメディア等の影響もあり、多くの企業が新規事業分野の 1 つとして「スマート農業」分野に参入をしてきている。

これら参入企業のトライ＆エラーにより、多くの知見が生まれているのは間違いないが、各社独自の方式やロジックでデータを扱い、システム設計・開発を行ってきたために、それぞれの仕組（ソリューション）間でのインターオペラビリティ（相互運用性／移植性）とデータポータビリティ（可搬性／自主運用性）が意識されておらず、今後ユーザーである農業生産者がシステムのリプレイスを行った際に多大なる工数が発生するのが目に見えている。データが生きて移行できればまだよいが、欠損といったことになってしまったら目も当てられない。また、このように各社でデータの所有権やデータの取り扱いルール、そしてフォーマットが違うことで「農業ビッグデータ」の障壁になっているとともに、「世界最先端IT国家創造宣言」の目的の1つである「データ・ノウハウを商品とセットで販売する等の複合的なサービスの展開」をする際においても、困難を期することが容易に想像できる。

　本案件が議論し始められた当初は、「ICT企業が蓄積された各種データの囲い込み（ベンダーロックイン）を行い、そのデータを売ることなどにより、儲けようとしている」として各方面から攻撃をされた。この状況は、日本の農業の成長産業化を阻むと危惧された内閣官房情報通信技術（IT）総合戦略室長代理 兼 副政府CIOを務める慶應義塾大学の神成淳司准教授（当時）が中心となり、内閣に設置されている「高度情報通信ネットワーク社会推進戦略本部（IT総合戦略本部）」（2001年1月設立）において、総務省、経済産業省、農林水産省の協力により、既存の農業ICTシステムに関するデータ項目・データ形式・通信方法・データの取り扱いを、文献・有識者へのヒアリングから整理し共通性を見出すことなどを推進した。これら実証調査を経て「我が国農業の産業競争力強化を達成するため、農業情報を利活用しようとする農業生産者の権利に留意しつつ、農業分野全体における広範な情報創成・流通を促進させるための、農業情報の相互運用性等の確保に資する標準化や情報の取扱いについて定めた政府横断的な戦略」として「農業情報創成・流通促進戦略」が2014年6月に策定さ

れることになった。

　当時農林水産省の職員であった筆者は、このプロジェクトチームの一員として本戦略の推進を担当していた。本戦略を受けて最初に着手したのが「標準化」である。農業現場で使われる様々な言葉は、地域や作物が変わることによって同じ物を表していてもまったく別な言葉として使われていることが多々あることが判明した。そこで農作業や農業生産物の名称、温度や湿度などの環境情報などについて、用語の統一とデータの標準化の検討を進めた。

　「農作業名」については、農業経営統計調査での作業区分分類を元に（図3-6）、「農作物名」については、農薬を使用することができる作物群・作物分類をベースにして作成、また「登録農薬」、「登録肥料」については独立行政法人農林水産消費安全技術センター（FAMIC）のデータベースを元に検討作業を進めた（図3-7）。経済産業省にて進めている「共通語彙基盤」（分野を超えた情報交換を行うためのフレームワークであり、個々の単語について表記・意味・データ構造を統一し、互いに意味が通じるようにすることにより、オープンデータのデータ間の連携はもちろんのこと、行政システムをはじめとした各種システムの連携、検索性の向上等を実現する社会全体の基盤）の活用も今後は考えられる（図3-8）。

　なお、現在は下記のガイドラインがラインナップされている。今後、「スマート農業」の分野に参入を検討されている企業は是非参考にしていただきたい。またユーザーとして筆者が「スマートファーマー」と位置付ける次世代の農業生産者にも、是非目を通していただき、気が付いた改善点については、農林水産省にフィードバックすることで、さらに良いものに改良されていくことを期待している。

① 農業ITサービス標準利用規約ガイド（2016年3月31日取りまとめ）
　生産者等が農業ICTサービスを活用するに当たり、農業ICT

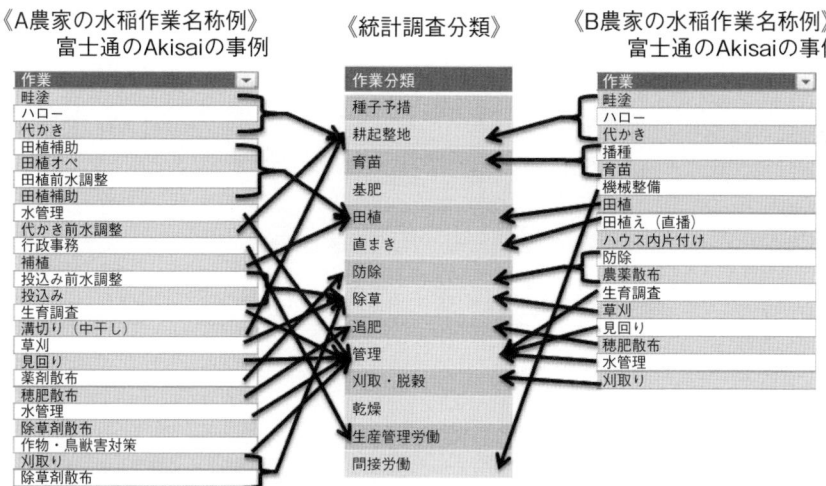

図 3-6　農林水産分野における IT 利活用推進調査報告書より引用（2014 年農林水産省）

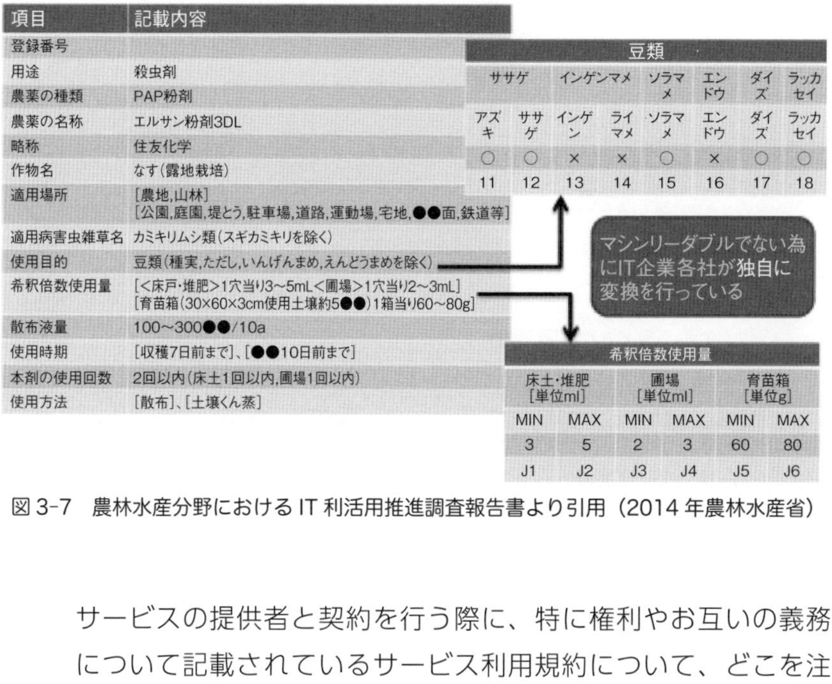

図 3-7　農林水産分野における IT 利活用推進調査報告書より引用（2014 年農林水産省）

　　サービスの提供者と契約を行う際に、特に権利やお互いの義務について記載されているサービス利用規約について、どこを注意して確認すればよいか等を解説するもの。

利用者		対象データ																	
		作物					作業				環境							その他	
		品質				収穫量	履歴・工数	農機(GPS等)	気づき、判断	資材(農薬・肥料)	農地	土壌	気象			施設	輸送中の温湿度	収益性(生産者)	市況
		色・形	糖度	サイズ	鮮度								温湿度	降雨量	照度	炭酸ガス			
バリューチェーン内	生産者	○	○	○	○	○	○	○	○	○	○	○	○	○	○	○	○	○	○
	JA・小売・卸	○	○	○	○	○				○								○	○
	物流		△		○													○	○
	加工・外食	○	○	○	○					○								○	○
	消費者	○	○	○	○					○									○
バリューチェーン外	IT企業	○	○	○	○	○	○	○	○	○	○	○	○	○	○	○	○	○	○
	金融・保険	○	△	○	△	○	○	○	○	○	○	○	○	○	○	○		○	○
	種苗会社	○	○	○	○	○	○	○	○	○	○	○	○	○	○	○	○	○	○
	農機メーカー					○	△	○			○	○	○	○	○				

○：データの利用がすでにあるかその可能性が高い
△：将来的にはデータの利用の可能性があり得る

図3-8

② 農業ITシステムで用いる農作業の名称に関する個別ガイドライン（第3版）
（2017年3月10日取りまとめ）
③ 農業ITシステムで用いる環境情報のデータ項目に関する個別ガイドライン（第3版）
（2017年3月10日取りまとめ）
④ 農業ITシステムで用いる農作物の名称に関する個別ガイドライン（第2版）
（2017年3月10日取りまとめ）
⑤ 農業情報のデータ交換のインタフェイスに関する個別ガイドライン（第2版）
（2017年3月10日取りまとめ）
⑥ 農業ITシステムで用いる登録農薬に係るデータ項目に関する

情報（暫定版）

（2017年3月10日取りまとめ）

⑦　農業ITシステムで用いる登録肥料等に係るデータ項目に関する情報（暫定版）

（2017年3月10日取りまとめ）

⑧　生産履歴の記録方法（策定作業中）

⑨　生育調査等の項目名（策定作業中）

3.11　知的財産戦略（2015.5 農林水産省）&農業IT知的財産活用ガイドライン（農林水産省：慶應義塾大学委託）

　「ジャパンブランド」のプレゼンスの高さを利用し、様々な日本産をイメージさせるブランドが生まれてしまっている。「和牛」がその代表例である。直近では、平昌オリンピックにて、カーリング女子チームが試合中の補助食品として食べていたイチゴが、もともとは日本で品種改良された物であったという報道がされたことは記憶に新しい。

　わが国は、高クオリティな農産物を生み出す技能・技術を有している。これは、産学官が一体となった生産活動、研究活動の貴重な積み重ねの成果であり、今や農業は、「知識産業・情報産業」と位置付けられ、わが国の成長戦略の中核の1つとなっている。近年、農業生産・食料産業等のグローバル化に伴い、技術流出、営業秘密の漏洩への迅速かつ的確な対応が求められるようになっている。また、知的財産としての価値をICTとより多様に結び付けることによってさらなる収益性に結び付け発展させる活動は、未だ発展途上の段階にある。これらをより発展させていくためには、熟練農業生産者や農業団体からの円滑な知的財産のICT化とその知的財産の安全な展開、利用者の拡大を促進するための基本的な考え方の整理が必要である。そこで、農林水

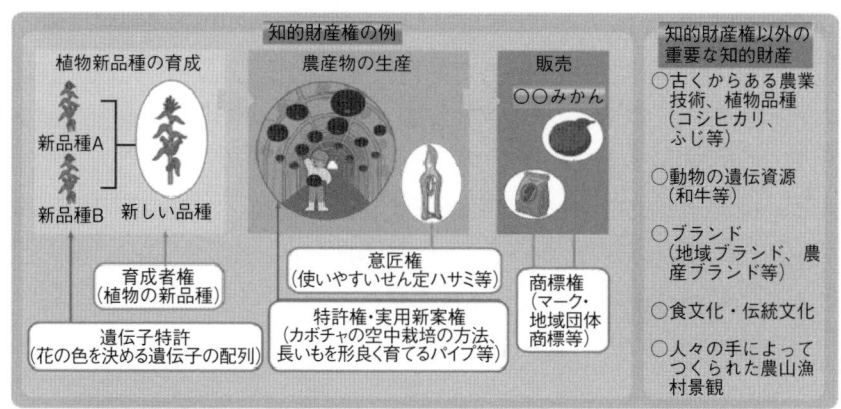

資料:農林水産省作成

図3-9 農業IT知的財産活用ガイドラインより引用(2015年農林水産省)

産省では「2015年度農業IT知的財産活用実証事業」における活動において、農業現場の知的財産のさらなる活用を促すことを目的としたガイドラインが策定された(**図3-9**)。

本ガイドラインの目的は、次のとおりである。

① 農業現場の知的財産をIT化することによって、広くその価値を知識産業として広めること
② 農業現場の知的財産を安心して提供するための具体的な留意点を示す

(以上、慶應義塾大学作成:農業IT知的財産活用ガイドラインホームページより引用)

3.12 「知」の集積と活用の場(2015年〜)

「知」の集積と活用の場は、「人」、「情報(場)」、「資金」の3つを"オープン"にすることで、多様な参加者による「協創」を促進し、農林水産・食品分野との異分野の融合を図り、農林水産・食品産業の競争力強化、国民が真に豊かさを実感できる社会の構築および世界に向けて「貢献」できる場を目指して作られた。

筆者らも8章で詳細を記載するNoberの活動について、「食・農情報流通基盤研究開発プラットフォーム」として登録をし、2018年から活動を開始している。

3.13 農業経営におけるデータ利用に係る調査(2016年度)

2章で一部紹介したが、農林水産省経営局経営政策課が主体となり、ICT企業、銀行、農業法人協会を有識者委員として行った調査である。目的としては「情報通信技術が急速に発展する中で、農業経営においてもスマートフォンやタブレット、各種センサー等によりデータを収集・利用する取り組みが進んでいるが、取得したデータを農業生産者自らの経営改善や生産性向上に活用できておらず、農業現場へのICT導入による効果が十分に発揮されているとは言えない状況にある。そこで、農業経営におけるITシステムの利用状況の調査・分析を行う。さらに、効果的なデータ活用方法の普及を図ることを目的として、分析結果から導かれる効果的なデータの利活用方法について、紹介パンフレットと配布を行う。具体的には、ICTシステムを利用して個々の農業経営上の課題を解決するためには、どのようなデータを取得すべきか、そしてそのデータをICTシステムでどのように活用すれば望む効果が得られるかについて調査・分析を行い、利活用の例を課

題ごとに掲示する」とされている。

アンケート結果から、営農類型別にICTシステムの利用シーンやその効果、課題を整理し、次世代の農業者の姿を簡略化し、「農業データ活用ガイドブック」として一般の方にもわかりやすいパンフレットが完成した。

3.14 農業データ連携基盤協議会（WAGRI）設立（2017年度）

2014年6月に内閣官房、総務省、農林水産省等で協力して策定した「農業情報創成・流通促進戦略」に従い「農業データ連携基盤（データプラットフォーム）」が構築されることが決まった。ICT企業や農業機械メーカー、関係府省など産官学が連携して異なるシステム間でデータ連携を可能とし、気象や土壌などのオープンデータや企業の有償データも提供するプラットフォームで、2018年の早い時期にトライアル運用が開始されることになっている。

「スマート農業」おける各種データは、これまで「競争領域」と「協調領域」が不明瞭であり、各企業の認識もバラバラであった。地図や気象、市況などの公的データを含め、あらゆるデータを各ICT企業で揃えようとするとコスト高になり、結局、農業生産者が払うサービス利用料が高額になってしまい、農業生産者の値頃感にあわないものになってしまう。明らかに協調領域に属するデータに関してはデータプラットフォームに配備することで、安価で良質な情報を提供することを目指して構築された。

現時点では、大手ICT企業と農業機械メーカーなどハードやソリューションの提供側が主体で進められているが、多くの人に積極的に使っていただける仕組みにするために、今後は、食・農に関係するすべてのプレイヤーから検討委員を募り、ワーキンググループ形式の

中でそれぞれの立場や目線でのユースケースを想定して創り上げていっていただけるように期待したい。

4.「スマート農業」が農業を魅力ある職業へ

　日本の農業は、「脳業」や「能業」と表現されることも多く、体力だけではなく、五感や六感をフル活用して営む業種であった。しかしながら、日本の農業生産者数は高齢化に伴い、年々大きく減少の一途を辿っている。その結果、耕作放棄地の増加といった課題も併発し、結果的に収穫される農業生産物の量も大幅に減ってきている。この危機的状況に新規で農業を担ってくれる若者が出てきてくれないのは何故なのだろうか？　昔から農業は、「きつい・汚い・危険」というイメージを国民の多くが抱いており、儲からない仕事の代表のように語り継がれている。

　若い人材が農業に入ってきてくれないという現状を打破するために、外国人や高齢者、さらには女性に活躍してもらうのも確かに大事だが、「スマート農業」によって、今までの農業にイノベーションを起こすことにより、旧来の農業のイメージを払拭することで新規に農業を担う人材や組織を育て、次世代の担い手となるスマートファーマーに育成する。この施策によって、農業のプレゼンスを向上させて、職業として魅力あるものにしなければならない。

　農林水産省では、「農業女子プロジェクト」という農業を営む女性を盛り上げる活動によって、女性に「農業」が魅力ある職業であるということを知ってもらい、女性の農業生産者を増やそうという取り組みが進められている。「スマート農業」も"かっこよくて""稼げて""感動のある"「新3K農業」実現の必須条件として裾野を広げていき、将来的に、東大卒が選択する職業ランキングの1位に農業がなることを筆者は望んでいる。

　本章では現在の社会情勢などから、「スマート農業」の現在位置や今後の将来性について述べる。

4.1 「スマート農業」の現在位置

　筆者が「スマート農業」の話をすると、「日本全国で画一的な農業生産物ばかりになったら、結局は価格競争となり、農業は逆に魅力がなくなるのでは？」という意見や質問をいただくことが多い。しかしながら筆者の考える「スマート農業」とは、「独自の技術・クオリティ・収穫量およびコストを明文化することで組織ブランドを確立し、厳守する仕組みの構築による事業継承であり、決して画一的な物を大量生産して過当競争を産むものではない」と説明している。

　最近では、この「スマート農業」がメディアにも多く取り上げられていることから、ほとんどの農業生産者がICTやロボットを導入し、農業が大きく進化していると思われている。しかし筆者の感覚では、全体の5％程度の先駆者および異業種からの参入者が自分達の求める効果（こだわりの明文化）を出そうと必死にトライ＆エラーを繰り返している段階であると思っている。また、これらの取り組みも"点"であり、産地や地域をカバーするような"面"の活動にまでは至っていないのが実情だ。残りの95％の農業生産者は、状況を眺めながら、早期成功モデルの構築を期待して待っているというのが現状ではないだろうか。

　なお、現在「スマート農業」の主な取り組みは、以下に挙げる4つに分類される（図4-1）。

4.1.1　各種センサーを活用した遠隔統合施設制御（次世代施設園芸、植物工場）

　「植物工場」や「施設園芸」に関する一般の方の認識は、機械にて制御され、人手がかからず、露地栽培よりも楽であると思われている傾向にある。実際は、「温室育ち」という表現が正しく、ちょっとした環境の変化にも対応ができず、全滅してしまうといった事象が発生しやすい。温度管理などの面において、露地栽培よりも「目が離せない」

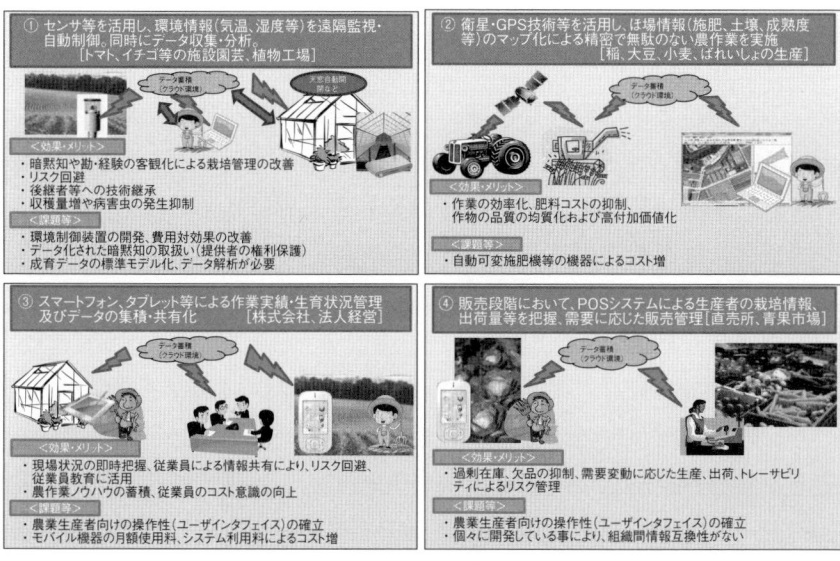

図4-1 主な「スマート農業」の取り組み

というのが農業関係者間の常識である。また、一言で「植物工場」と言っても、関係する組織や人によって、頭に思い浮かべるイメージが違っている。筆者の整理はこうだ。「植物工場」とは農地ではなく建物の中で実施される完全閉鎖型の農業のことを表し、それ以外の農地で太陽光を利用した農業を「次世代施設園芸」とする。

省庁の管轄においても、植物工場は総務省や経済産業省、次世代施設園芸は農林水産省と別物として議論されることが多い。共に人手をなるべくかけないように様々なソリューションの研究・開発・普及に努めている。今までのハウス栽培との大きな違いは、季節や時間帯、外気の状況に応じて設定した閾値に従って自動的に制御するというところである。

太陽光（自然光）を使う「次世代施設園芸」においては、新規参入農業生産者がこの閾値を見つけ出して決めるまでが大変な苦労になる。単純にトマト農業生産者ならこの設定、ピーマン農業生産者ならこの設定、という具合に日本全国どこでも同じ閾値によって良質の農

業生産物が大量に作れるというわけにはいかない。何故ならば、施設の大きさやハウスの外装がビニールなのかガラスなのか、また水耕栽培なのか土耕栽培なのかなど多くの変動要素が存在するためである。また、同じトマトであっても、ファーストフード店などで使用されるトマトと、高級料亭などで使用されるトマトでは求められる形や量、クオリティなどがすべて違う。

このように、それぞれの環境や最終使用目的に適合する農業生産物を作るには、気温、湿度、風向き、土壌水分、pH（水素イオン濃度）、EC（電気伝導度）など多くのパラメータを精緻に制御する必要が出てくる。この制御が現時点においても農業の匠の暗黙知で行われていることが多い。どんなに高度な設備を入れても、設備の使い方だけではなく、「ある事象に対しどう対処するのか」を学ばなければまったく意味がないのである。

これに対し、完全閉鎖型の人口光で生産する植物工場は建物の外壁の厚さや空調制御など設備を統一化することにより、比較的どこでも当てはまるモデルを作り上げることが可能だ。この理由から、昨今、植物工場に参入される異業種の方々が増えているが、その参入理由の多くが、もともと半導体などの製造工場だったところを有効活用したい、さらにはそこで働いていた従業員を解雇せずに働いてもらう術として参画するといったシーンが多い。その他としては企業のイメージ向上のために、CSRの一環で参画される企業もある。ちなみに後者のイメージアップ効果は比較的すぐに結果が出る。CMなどで広報することで次年度以降の新規採用で多くの優秀な学生が応募をしてくるなどの効果が期待できる。

なお現時点において、植物工場で生産が可能な作物には限りがある。その判断は太陽光を多く必要とする作物かそうでないかである。結果的に、植物工場で生産される農業生産物の多くは、生育が早く年間で何回転も生産ができる作物であり、太陽光をあまり必要とせずに育つ品目になる。また植物工場で生産する作物は、路地で普通に作れ

る物ではいけない。なぜならば、植物工場、いわゆる完全閉鎖型農業を実現するにあたり、建屋をゼロから構築すると作るものにもよるが投資回収に至るまでに多くの時間を有してしまうだけでなく、回収できない可能性が高くなる。さらには、現時点で植物工場の敷地は農地として認められておらず、他の産業と同じ固定資産税がかかる。また異業種から参入する企業に至っては、従業員の給料を農業に従事しているメンバーだけ安くするといったことができず多くの人件費がかかる。これに加え多額の設備投資などの要因から市況に影響される通常の品目を生産してもビジネスにならないのである。

　昨今では、ガラス室・ハウス（温室）、植物工場などの園芸施設において、機器メーカーが違っても環境制御を実現するために作られた自律分散型システムを UECS（ユビキタス環境制御システム：Ubiquitous Environment Control System）として標準化が進められている。

　表 4-1 に、センサーを活用したサービスを提供している主な ICT 企業とその概要を示す。

4.1.2　GPS を活用した農業機械の精密制御

　農業機械の自動制御については、主に北海道にて爆発的に導入が進んでいる。筆者が取材をさせていただいた株式会社ニコン・トリンブルでは、GPS ガイダンス・自動操舵（ハンドルを自動的に動かす）補助などの注文が年々増加しているとのことである。さらに、ロボット技術の向上、GPS 精度の向上などにより、完全に無人での走行が可能となっている。この無人農業機械だが、単純に人が乗らなくてもよいということだけでなく、2～3 台の農業機械がお互いを認識しあい、自律的に動くことができる。これは随伴型と呼ばれ、どのようなことができるかというと、1 代目の農業機械が耕運をし、その後ろにある一定の間隔を置いた農業機械が肥料を散布したり播種したりできる。これにより、作業効率が 2～3 倍以上に向上する。

　ご存知のとおり、北海道は日本の中でも、個々の農業生産者が耕作

表 4-1

センサーメーカー	概要
株式会社 SenSprout	低コストのセンサーを利用した、世界の水利用を最適化する農業ソリューション。 農産物の生産において、水やりや施肥の頻度・量は作物の品質を大きく左右する。しかし、栽培ノウハウが確立されている日本においても、これまで水やりや施肥の効果は目に見える土壌や作物の状態でしか判断することが難しかった。 複数地点計測可能なセンサーにより、挿入地点の土壌中の水分量や温度を計測し、データに基づいた栽培管理を行うことで、収穫量や品質の向上、そして圃場が保っている水分や養分の長期的な有効活用を可能にする。 PC、スマートフォン上でデータを確認できる農業用センサーシステムである。
株式会社セラク 「みどりクラウド」	電源に繋げるだけで自動的に環境（気温・湿度・飽差・培地温度・CO_2濃度・日射量・土壌水分・土壌EC）を計測し、遠隔からスマートフォン、PC、携帯電話を使って圃場環境のモニタリングができる。カメラを搭載しており、圃場の様子を写真によって確認することが可能。過去からの環境の推移を見える化するグラフ表示、積算温度などの自動算出、異常発生時の警報、気象予測データの表示、データを共有する機能なども備えている。別途提供している農作業記録サービス「みどりノート」と連携しており、作業内容と環境データをまとめたレポートとして出力することも可能。 全国の生産者の声をもとに、必要な機能に絞り込むことで、高いコストパフォーマンスを実現。誰でも簡単に使える農業ITである。

PSソリューションズ株式会社 「e-kakashi」	圃場および施設園芸で取得した環境データ（気温、相対湿度、地温、水温、土壌体積含水率、EC、日射量、CO_2濃度）を見える化するだけの単なる遠隔計測器ではない。植物科学に基づいて、生育ステージごとに重要な生長要因・阻害要因を設定。圃場の環境データとひも付けて、今どんなリスクがあり、どう対処すべきか、最適な生育環境へナビゲートする。昨今は同社社員がサポートによりベテラン農家のノウハウを数値化し新規就農者に農業知識として伝える手段として評価が高く、日本国内で複数の導入事例がある。 
株式会社ジョイ・ワールド・パシフィック 「あぐりセンス® クラウド」	農業IoTサービス「あぐりセンスクラウド®」は、電源と携帯の電波があればどこでも簡単にはじめられる圃場環境モニタリングシステムである。「シーカメラ®」は、露地や農業ハウスでの「環境計測」「環境制御」が可能で、露地では土壌等のデータから潅水・散水等の自動化や、果樹における黒星病などの病虫害や遅霜の予測が可能。ハウスでは液肥や潅水、ミスト、CO_2施肥、ビニル巻取りなどを環境に合わせ自動コントロールする。 それぞれ920 MHz帯特定小無線と連携が可能で広域な環境計測が可能。また静止画または動画カメラモニタリングが可能。 

株式会社笑農和 「paditch」	水田における入排水をインターネットを介して遠隔操作で水管理することができる。paditch cockpit という Web アプリで水位や時間を設定することで自動で水管理が可能となる。 篤農家の水管理ノウハウをデータ化し、paditch gate に設定することでベテランの技を覚えさせることも可能。また、各水田に最適な水管理について学習していく。 日々計測した水位や水温のデータは、クラウド上に蓄積され、生育や栽培のデータを収集できるだけでなく地域別の環境を学習していくことで地域に最適な水管理を支援することができる。 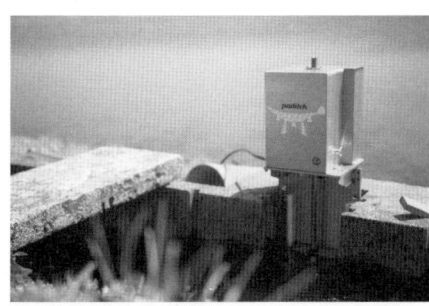
株式会社 IT 工房 Z 「あぐりログ」	温室・ビニールハウスに専用のログ BOX を設置すれば、温度・湿度や二酸化炭素濃度の計測はもちろんのこと、平均温度や積算温度などの計測値をスマートフォンや PC から確認することができる。計測値はクラウド上のサーバーに蓄積され、過去〜現在の温室の状態がひと目で簡単にわかるようになる。センサーが計測したデータはあぐりログサーバーにユーザーごとおよびハウスごとに蓄積され、グラフとして閲覧できるほか、CSV でデータ取得することが可能。フォローフォロワー機能により仲間同士や指導者との間で環境データをシェアできる。 

する農地面積の違いにより、農林水産省の統計データも分けて記載するというほど本州から南のエリアで行っている農業とは規模が大きく違っている。そのため、農地が広大なために、農業機械を操作する際に目標となる目印の設定がしにくく、肥料や農薬の散布において同じ場所に何度も散布してしまうといったことや必要な場所に散布がされなかったという事象が発生していた。これは、単に肥料や農薬の無駄ということだけではなく、肥料や農薬が適切に散布されないことによる生育不良のリスクにもつながるのである。

　GPSガイダンスを導入したことにより、精緻に肥料や農薬を散布することで散布量が激減し、筆者が取材をした農業生産法人では、1〜2年で投資回収ができたと話されていた。完全無人運転の農機の素晴らしいとこは、夜間でも作業が行えることだ。現在は、万一の事故が発生した際の責任の所在が不明確であるため、基本的に傍らに農業生産者がいる必要があるが、近い将来夜間寝ている間にロボットだけで作業するということが可能になるだろう。

　技術の進歩も重要だが、その技術の進歩に法制度などが追随できていないというシーンは本件だけでなくあちらこちらに存在している。なお、農機の進歩は自動制御だけではなく、コンバインに収穫後の米の水分量を自動で計測するようなものも出てきている。

　表4-2にGPSを活用した農業機械を製造している主なメーカーと主な取り組みを示す。

4.1.3　スマートフォン、タブレットを活用した作業・生育管理

　生産管理ソリューションを使い、クラウド上に作業記録等を蓄積している農業生産者がFacebookに「クラウド上に作業記録があるおかげで昨年に比べて今年がどのくらい生育が遅れているか明確にわかり、次の手段の意思決定が容易でスピーディにできる」と投稿されていた。このように、すでに「スマート農業」に取り組まれている農業生産者は、その便利さに目覚め「手放せない」と思いはじめている方

表4-2 (各社HPより引用)

農機メーカー	主な取り組み
ヤンマー株式会社 「スマートアシスト」	GPSアンテナと通信端末を活用して、農機の稼働状況やコンディション情報をリアルタイムに収集。農機を見守るとともに、常に最適なコンディションでの使用を可能とし、トラブルを回避。農機管理の省力化、ライフサイクルコストの低減を実現。 作業内容のデータをコンピューターで管理・活用することで、作業改善や栽培計画の合理化・効率化を図る。
井関農機株式会社 「スマートファーマーズサポート」	生産・作業・収穫の計画と実績をクラウドに集計・分析し、農業の経営・生産・クオリティの見える化を行い、PDCAのマネジメントで、科学的な農業経営の実現と収益改善を図る。
株式会社クボタ 「スマートアグリシステム」	農業機械に最先端技術とICT（情報通信技術）を融合させたクラウドサービス。農業経営を「見える化」し、データに裏打ちされた営農改善を支援する。スマートフォンを使って対応農機とも連携できる。

も出てきている。

　とはいえ、多くの農業生産者の情報の伝達はまだまだデジタル化されておらず、ファックスや電話が中心である。肥料、農薬および種子の注文や、農業機械のメンテナンス、市場での買い取り価格の問い合わせ、生産履歴の送付など様々な伝達がほとんどアナログで行われている。

　泥にまみれる農業現場においては、防水のガラケー（フィーチャーフォン）を使って電話で連絡している方々を多く見かける。単に情報を伝えるという観点であれば、現状のままでよいのかもしれない。しかしながら電話での情報のやり取りはどこにも蓄積されず、ファックスにおいても送付した紙を保存しておかなければ蓄積にはならない。

　このような状況下ではあるが、「スマート農業」に取り組もうとしている農業生産者が最初に利用し始めるのが、「スマートフォン、タブレットを活用した作業・生育管理」である。今まで手書きのノートや手帳に付けていた作業履歴や生育状況等を、スマートフォンやタブレット上で動作する作業記録のアプリを使ってクラウド上に蓄積する

ことにより、場所を選ばず、誰もがタイムリーに記録・閲覧ができるようになるのである。

　農業以外の多くの業種においては、ISO取得などによって、従業員も様々なシーンにおいてエビデンスを残さなければならないということを叩き込まれる。農業生産においても、経営を左右するような重要な情報はもちろん存在しているが、現時点ではまだ、その情報が乱雑に扱われていると言わざるを得ない。

　生産管理では、主に、従来ノートに記載していた作業、時間、農薬、肥料、資材といったものを蓄積し（GPSを使って自動的に時間を把握する例もある）、農業の匠が現状KKO（経験、勘、思い込み）で実施している各種判断を、新規就農者にもわかる、伝えやすい形にすること。さらには、慣習として行われてきたが実は無駄（不要）な作業を洗い出すことも可能になる。

　従来から、農業生産者と流通企業間では、一部情報のやり取りはされていた。しかしながら流通企業サイドの農薬散布回数や散布量のチェックを目的とした仕組みであり、農業生産者がその記帳データを後に自分の営農のために使うということは皆無であった。しかし、クラウド環境に多種多様な様々な情報が蓄積されることにより、記入した本人だけでなく、すべての従業員や関係者が作業の進捗状況、作物の生育状況を、組織・企業内で共有することができる利点も加わった。昨今の農業生産法人の一部では、1日の終わりに関係者全員が集まり、これら蓄積された写真やデータを使って作物に発生している病気や害虫の対処方法から作業の仕方、進め方についてミーティングをする所も出てきている。これにより、個々の従業員が見て経験して学んだことを（ミスも含め）、複数の従業員で共有することができるようになり、早期人材育成につながるという期待もあるようだ。また、個々の従業員が優先順位を意識して行動できるようになり、適した時に適した作業ができるようになることから、ヒューマンエラーのリスクヘッジへとつながる効果も出てきている。結果的に「背中を見て学

べ」と言っていた農業から「データを見て学ぶ」農業にチェンジすることができる。

これらを理解している異業種から参入した農業生産法人などは、上記のようにエビデンスを残すという行為をしっかりやっている。不確定要素を少しずつ減らし、農業を一か八かの職業から、PDCAサイクルをまわし、綿密な計画を立てやすい職業に変革すべく日々努力されている。

表4-3に、スマートフォンやタブレットを活用したソリューションを提供している主な企業とその概要を示す。

4.1.4 POSと栽培・在庫情報連携による販売管理

4分類の中で、比較的に歴史が古いのがこの「POS (Point of sale) と栽培・在庫情報の連携による販売管理」である。主に農業生産者と販売先が近い場面で実現されており、「道の駅」などの直売所にて多く見かける仕組みである。「道の駅」などの産直市場は消費者の支持に支えられ、順調に売り上げを伸ばしていたが、取り扱う農産物の品目や量が増えるに従い、品目や価格の迅速な変更が難しくなり、出荷や引き取りなどに非効率が目立つようになっていた。また天候や来客数に応じた出荷品の調整も課題になっていた。そこで作られたのがこの仕組みである。

朝、農業生産者が収穫物を「道の駅」にもっていき、販売価格や持参した量などを設定して店頭に並べる。農業生産者はPOSと連動した携帯アプリもしくはメール通知により、売り上げ状況や店頭の在庫状況が把握できる。確認のタイミングで売れ行きがよく、閉店までにまだ売れそうだと判断すれば追加で「道の駅」にもっていく。逆に売れ行きが悪ければ、当初設定した販売価格を下げるといったことが可能となる。

有名な事例として、愛媛県内子町の道の駅「内子フレッシュパークからり」がある。「内子フレッシュパークからり」は、生産するだけで

表 4-3

ソリューション開発企業	概要
富士通株式会社「Akisai」	「豊かな食の未来へ ICT で貢献」をコンセプトに、生産現場での ICT 活用を起点に流通・地域・消費者をバリューチェーンで結ぶサービスを展開している。本サービスは、露地栽培、施設栽培、畜産をカバーし、生産から経営・販売まで企業的農業経営を支援するクラウドサービスである。
株式会社イーエスケイ「畑らく日記」	「畑らく日記」は無料で使える栽培記録アプリである。煩わしい初期設定などが不要で、すぐに使い始められて、慣れれば使いやすくカスタマイズも可能。記録はダウンロードして Excel などで加工利用が容易。具体的な目的をもったプロの農家に圧倒的に利用されており、2017 年の記録総数は 24 万件を超す。 実用的に利用されている農業 IT サービスとしては国内有数であろう。
イーサポートリンク株式会社「農場物語」	農業に従事される方の経験値やノウハウは、より確実に、より効率的に生産を行う「儲かる農業」への転換を図る源泉であり知的財産と捉えている。農場物語は日々の作業を記録するといった負担を、日々交わされるコミュニケーション情報から記録される、記録する負担の軽減を実現し、この知的財産を活かすことで「儲かる農業」の実現の基礎となる"現場力"向上をサポートする。

クリエイトシステム 合同会社 「クラウド農業生産管理システム」	農業経営に必要な、農業日誌、地図による圃場管理、農薬や肥料などの在庫管理、作物の出荷金額管理などの機能が揃っている。 パソコンやタブレットから農作業情報を入力することで、集計が大変な月次単位、一定期間の「売上」「原価」「利益」も自動集計でき、一目でわかる。また、経営に重要な契約栽培の価格決定や栽培計画に役立つ、作物の再生産価格も自動集計し簡単に帳票にも出力できる。 
冨貴堂ユーザック 「しっかりファーム」	農業スタイルに合わせた変更ができ、お客様の声を取り入れたシステム作りを行っている。システムは、作業スケジュール、日誌入力、日誌表示、過去比較、農薬・肥料・圃場・機械・作業時間・収支の管理やGAP支援から成る。生産工程の各種情報がクラウド上に集約一元管理され、いつでも過去の作業情報を必要な時に確認でき、改善（PDCA）を行うためのミーティング体制作りができる。従来の野帳をなくし作業基準の整備を行い、仕事の標準化、ルール化最終的には経営方針や経営管理の策定に活用していく。 

株式会社アルケミックス 「アルケファーム」	手作業では記録や集計、検索など管理が大変であった。そんな煩わしさを解消するのが、アルケファーム農作業日誌である。パソコンでの作業はもちろん、スマートフォンやタブレットに対応し、電波の届かない圃場での入力が可能であるため、作業効率が上がること間違いなしである。クラウド上にデータがあるため、管理者はどこからでもアクセスが可能で、従業員と管理者、従業員間での情報共有が手軽に行うことができる。 

なく、消費者に対し直接マーケティングをすること、農業の情報化によって、生産や流通、販売の情報共有を図ること、商工業者や行政と協力しつつ、農業を総合産業化（農業の3.5次産業化）すること、都市住民との交流の活性化などを目標と掲げている組織である。この活動が各方面に認められ「農林大臣賞」や「日本農業賞」など多くの賞を受賞されている。この情報の連携システムは「からリネット」と名付けられ、今では80歳を越えた高齢者でも畑から情報を取得しつつ、新鮮な農業生産物を畑から採ってくるようである。当初、販売管理情報だけであったが、現在は気象情報なども配信されている。後に述べるが、環境情報や生産情報や販売情報が連携する情報インフラの構築によって、多くのメリットが発生するのである。

　上記を受けて、筆者が想定する今後「スマート農業」のさらなる発展のために必要な機能は下記の4点である。

　①食・農業関連情報のシェアリングとマッチング
　②オープンデータとビッグデータを活用したシミュレーション

③各種分析により、匠の農業生産者のナレッジ・ノウハウの知的財産化支援
④農業生産物の品質（クオリティ）を精緻に制御

4.2　農業生産組織の大規模化

　高齢化などにより農業生産者が減ることで、耕作者不在となった農地は、知り合いや近隣の農業生産者や農業法人へ引き継がれていく。その結果、残った農業生産組織は、経営者の意思に反して保有する農地が年々増加し、大規模に生産を行う農業法人が急増している。今後もこの傾向は変わらず、耕作放棄地の受け皿としてさらに増加していく。結果的に小さな面積の農地を多数所有した大規模農業生産者が増えている。同時に、人的リソースも家族だけでは賄えなくなり、従業員を雇う農業生産法人などの経営体が年々増加している。このように経営規模が拡大することにより、今まで自分の頭の中だけでできていた各種経営の意思決定が困難になってきている。

　農業生産者は、日々様々な場面で判断を求められながら作業をしている。天候や市況、さらには農業機械の状況によって、その日の作業も大幅に変わってくる職業だ。これが経営規模の拡大により、手がまわらなくなることで作業の優先順位などの判断ミスを引き起こし、個々の圃場のメンテナンスがおろそかになり、クオリティや収穫量が低下してしまう。これでは、おいしい野菜を作っていた農業生産者が、少しでも多くの方に届けたいという思いから大規模化したにもかかわらず、クオリティが落ちてしまうといった結果に陥り、本末転倒となってしまう。

　大規模になることで従業員を増員する必要が出てくる。しかし農業法人の従業員は、「いつかは自分の農場をもちたい」という独立志向が高く、従業員の定着率が低い組織が多い。そのため、従業員の入れ替

わりを機に同じミスが繰り返されるという状況を目にする。2章でも記載したが、新福青果の新福社長も「自然災害よりも人的ミスが恐ろしい」と語っていた。筆者の知る限り、大規模農業生産法人は、人的リソース不足やそれによる優先順位の判断ミスなどにより、単位面積あたりの収穫量が小規模農業生産者を下回る傾向にある。

　前述したとおり、大規模農業生産法人が所有している農地は点在しており、自宅から車で30分以上もかかるような圃場を所持している農業生産者も存在している。距離が離れているため、作業の際に都度、自宅や作業場から農業機械をトラックの荷台に乗せ、圃場まで運び、作業が終わったらまたトラックに乗せて別な圃場へ、これを繰り返し最後にまた自宅まで持ち帰るという行動をすべての農業生産者がしており、作業効率が非常に悪い。また点在する農地の場所を覚えるのも一苦労で、私が農業研修をしていた新福青果でも、新規従業員が間違えて隣の圃場の収穫をしてしまうといったミスが発生していた。

　このように、現在の農業生産者は、年々大規模化をしており、日本の今までどおりのKKO（経験、勘、思い込み）で行われている農業や家族間の「一子相伝」的な農業では存在しなかった未曾有の課題に直面しているのである。

4.3　農業法人の実態

　「スマート農業」の実践が求められる理由のひとつに、法人経営の増加が挙げられる。2009年の農地法の改正を皮切りに、異業種から参入する企業が増加した。「2016年版 食料・農業・農村の動向（農業白書）」によると、法人経営の組織数は2015年までの10年間で1万8857と2.2倍に増えた。同時に、農産物販売金額の全体に占める法人組織の販売金額のシェアは27%となり、10年前の15%から大きく増加した。また、新規就農者も6万5030人と、2014年から13%増

加。6年ぶりに6万人を超えた。49歳以下が2万人以上を占め、現行方式で調査を開始した2007年以来最多となった。法人の長期雇用者数は10年間で倍増し、10万4285人となった。そのうち、44歳以下が47％を占めたことから、「若い農業生産者の受け皿の役割を果たしている」としている（図4-2）（表4-4）。

　この中で、筆者がよく見る事例の1つは、近隣の複数の農業生産者の息子さん達が手を組み、1つの農業法人を作るというケースである。複数の個人農業生産者が集まり農業生産法人としてスタートした組織では、同じ組織でありながら大小様々な生産方法の違いに戸惑いが生じている。個々の農業生産者が長年ルーティーン化してきた細かな作業方法さえも違いが存在するからである。たとえば、畝間や株間の間隔や、盛り土の高さなど、長年親しんだ方法を個々のベテランが曲げることができずに、従業員が戸惑うシーンがでてくる。結果的に従業員は、2人のベテランの間をとった数値で実施しているという話を聞かせていただいたこともあった。

　この農業法人が「スマート農業」を実践しようとした際にもっとも困るのは、営農に関するあらゆるシーンでの意思決定が、聞く人聞く人で違ってしまうということである。そのため長年個々の農業生産者として培ってきた農業に関する様々な場面での意思決定を組織として定め、一本化した生産方式を明文化していくというところから始めなければならない。そこでは、過去の成功事例や失敗事例など差別化に役立つ情報を持ち寄る。途中意見が食い違う場面も出るが、これらを自社で生産している品目（ネギ、ジャガイモなどの分類）別にひとつずつ作り上げていくのである。

　また個々のメンバー（従業員も含めて）に対しても、現時点で感じている課題や今後自分どうなりたいか（キャリア形成）、経営陣には個々の従業員に何を期待しているのか？　会社を今後どうしたいと思っているか？　といった話を聞くためにヒアリングを実施する。

　このようなことを繰り返すことでその組織としての経営理念（ビ

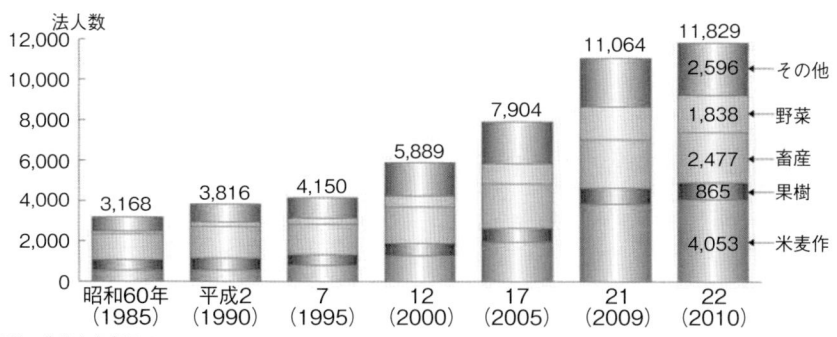

資料：農林水産省調べ
注：1）各年1月1日現在
　　2）業種別区分は粗収益50％以上の作目による。その他はいずれの作物も50％に満たないもの

図 4-2　業種別農業生産法人数の推移（農林水産省）

表 4-4　業種別農業生産法人数の推移（出典：農林水産省）

（単位：法人）

	米麦作	果樹	畜産	野菜	その他	計
昭和60年（1985）	553	516	1,262	157	680	3,168
平成2年（1990）	558	592	1,564	216	886	3,816
平成7年（1995）	803	523	1,510	293	1,021	4,150
平成12年（2000）	1,275	606	1,803	567	1,638	5,889
平成17年（2005）	1,953	683	2,216	988	2,064	7,904
平成22年（2010）	4,053	865	2,477	1,838	2,596	11,829
平成23年（2011）	4,397	915	2,423	2,068	2,249	12,052

資料：農林水産省調べ
注：1）各年1月1日現在
　　2）業種別区分は粗収益50％以上の作目による。その他はいずれの作物も50％に満たないもの

ジョン）をも作り上げていく。この経営理念がしっかりと定義されることで、従業員がある課題に直面し迷った際にどちらを選択すればよいかという判断基準として非常に役に立つのである。これは新規に農業に参入する異業種の方々にも充分当てはまることだと思う。

　ここで関係者によりオーソライズされたこと（ルールやマニュアル）を元に、センサーで計測を開始し始めたり、スマートフォンやタブレットで入力していく情報を選定する。その後は蓄積したデータと

マニュアルを見比べるなど PDCA をまわし、新たに判明したことについては協議の上加えていくといったことを繰り返す。

　このように現状を打破し、次世代の農業生産者（スマートファーマー）に成長するには、まず自らの組織の現状をしっかりと把握しなければならないのである。

5. 匠（たくみ）の知識の形式知化に向けて

　第1章でも触れたが、日本の農業生産物の海外から見たプレゼンスは最高だといっても過言ではない。そこで、日本の農業の匠の技術を形式知化して、海外に輸出していくという施策が国策としても設定され、さらにはメディアなどでも多く取り上げられている。しかしながら、農業界、特に生産現場におけるデータに関しては、現時点ではまだ「農業ビッグデータ」というレベルには至っていないというのが筆者の感覚である。前章（第4章）の終わりで述べたように、組織として確固たる目的もなく各種データの蓄積を続けても、即効性のある、さらには定量的な効果が見えにくいために、道半ばで断念する人も多い。

　このように「農業ビッグデータ」までの道のりはまだ果てしなく遠い。これは、農業界全体がまだまだ旧体質であり、基本的にオープンマインドの業種ではないことも原因となっているだろう。これが障壁になっていると言わざるを得ない多くの場面が散見しており、個々のノウハウやナレッジを大事に囲い込み、勘所になりえる各種データ類をクラウド環境という外に蓄積されることに違和感を覚える農業生産者が非常に多い。自分のナレッジやノウハウが不特定多数の人に共有（オープン化）されてしまうのではないかという恐怖からである。また、「企業に自分のノウハウやナレッジをすべてもっていかれてしまうのではないか？」という心配される声も聞いたことがある。

　実際は（多くの農業系のデータを扱う企業によると）、蓄積されたデータの権限は農業生産者個々人にあり、サービス提供企業が二次利用する際には個人が特定されないように秘匿化されるとともに、個々のナレッジやノウハウがデータの所有者である農業生産者の許可も得ず流出してしまうような仕組みにはなっていない。特に銀行や病院な

どにソリューションをすでに提供している ICT 企業であれば、まず心配する必要はないと思ってよいだろう。これらのことは、今まで ICT への関与が薄かった農業の世界では理解がされにくく、今後も丁寧に、十分に説明をしていかなければならない。したがって、データがなかなか集まらず「農業ビッグデータ」にならない要因は、代々先祖から受け継がれた農業、人生をかけたこだわりの農業の生産方法が他へ流出するリスクを感じている方が多いという原因からである。

　また、こと農業に関するデータは、環境や土壌に大きく左右され、条件のまったく違うエリアの情報同士を融合させることが逆に真実から遠ざけることにつながるのである。要するに、北海道から沖縄までの農業生産者の生産に関する各種データを1箇所に集め「農業ビッグデータ」として分析し、日本標準モデルを作っても、エリアが広すぎてしまい結果的にどこの地域にも当てはまらないモデルになってしまうのである。筆者的には、県標準モデルであってもエリアが大きすぎると思っている。

　現在は、まだ個々の農業生産者や農業法人、大きくても農業協同組合や集落営農の単位で自分達の農業をしっかりと明文化する時期である。これが組織・企業としての独自のノウハウとなり、ブランド力の維持・向上となる。また生産方法を明文化することで、次世代の農業を担う人材（スマートファーマー）を早期に育成でき、事業継続・継承につながるのである（**図 5-1**）。先進的な農業組織・企業内では、早々にデータの蓄積を開始し、「農業ビッグデータ」から作業やコストを分析することにより、経営や生産の意思決定にどう活かせるかというトライアルが始まっている。

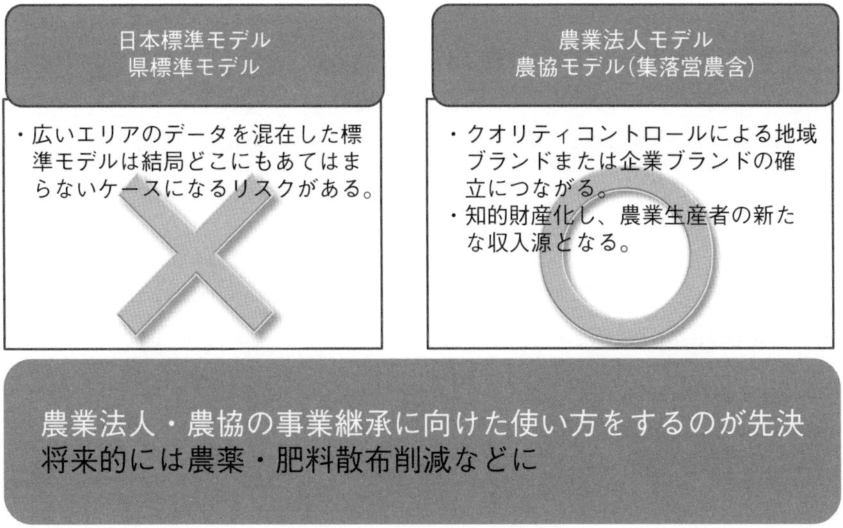

```
┌─────────────────────────────┐  ┌─────────────────────────────┐
│   日本標準モデル              │  │   農業法人モデル              │
│   県標準モデル               │  │   農協モデル(集落営農含)       │
│                             │  │                             │
│ ・広いエリアのデータを混在した標 │  │ ・クオリティコントロールによる地域 │
│  準モデルは結局どこにもあては  │  │  ブランドまたは企業ブランドの確  │
│  まらないケースになるリスクがある。│ │  立につながる。               │
│           ✕                 │  │ ・知的財産化し、農業生産者の新た │
│                             │  │  な収入源となる。    ○         │
└─────────────────────────────┘  └─────────────────────────────┘

┌─────────────────────────────────────────────────────────────┐
│ 農業法人・農協の事業継承に向けた使い方をするのが先決            │
│ 将来的には農薬・肥料散布削減などに                            │
└─────────────────────────────────────────────────────────────┘
```

図 5-1　ビッグデータの利活用

5.1　情報武装によるリスクヘッジ・ステークホルダー間でのリスクテイク

　流通のフェーズに移行しても「スマート農業」の実践によって、メリットが生まれるシーンが増加してきている。

　物流から顧客の手に渡るまでにおいて、なんらかの管理ミスなどにより、収穫した農業生産物に劣化が発生した（例：スーパーにおいて、部分変色した農業生産物が多く見つかった）。この場合、今までであれば、消費者が流通に、スーパーを経営する流通企業は荷を運んできた物流企業へ苦情を言い、それを受け取った物流企業は農協など集約組織に苦情を言う。最終的には、農協が農業生産者にクレームを伝達し、すべての責任を農業生産者がかぶって泣き寝入りするしかなかったというのが実情であろう。生産者のところまで落ちてきて、生産者がすべての責任を取るという姿が当たり前になってしまっている。これは、どこで悪くなったかという追求ができていないためである。本

来ビジネスというものは、ステークホルダー間はある程度同等のリスクを持ち合わさなければならない。しかしながら、農業においては従来より価格決定権のあるサイドが強い権力をもっており、そのバランスが最適にはなっていないと考えられる。そのため、農業を魅力ある職業にするためには農業生産者サイドが価格決定力をもつ必要がある。

　今までは、人件費などの積み上げが困難であり、生産にかかったコストを精緻に積み上げることができず「どんぶり勘定」にならざるを得なかった。このことは価格決定の場面だけでなく、何か問題が発生した際、その原因の究明や責任の所在を明らかにするのを難しくしていた。そのために、「情報武装」による保身は避けて通ることはできない。

　自分の身を守るためにも、これからはエビデンスという「情報武装」が必要であることをこれからの次世代農業生産者（スマートファーマー）には十分に理解し、実践していただきたい。農業生産物が「いつ、誰が、どこで、どのように」栽培、収穫したものか情報として得ることができる体制になっていれば、責任の所在がはっきりとし、農業生産者のミスではなく、他のステークホルダーによるものだということが証明できる。それにより、先のような事象において、農業をやめなければならなくなるといった最悪のシナリオを回避することができるのである。

　昨今ではブロックチェーンという「不特定多数の参加者が使用することで情報の正しさを保証しあう仕組み」を使って、生産者が真摯に、精緻に作った農業生産物の情報について担保をしていくという仕組みの検討も始まっている。どんなにICTやAIが発達しても人が介在する部分がある限りミスはなくならないが、そのミスが致命傷にならないように早期にその原因の究明を得ることでスピーディな経営判断を可能にし、最小限にリスクを抑え、最大限の収益をあげることが可能になってくる。このように、存在しているデータが精緻に管理される

ことで、どんぶり勘定であった体質から抜け出し、農業も他業種と肩を並べることができる。また、このようにお互いがリスクを持ち合って補完することで、農業生産者がすべての産業の尻拭いをするといった従来より続く体質を改善することにもなり、農業生産者の地位の向上に貢献できると筆者は考えている。これは、日本の匠の農業技術が意図せずに海外に流出してしまうという課題をも減らすことにもつながるであろう。

5.2　各種シミュレーション

　気候、生育状態、作業、土壌といった情報に加え、市況関連データなども集約され「農業ビッグデータ」となれば、最先端の AI 等を駆使してデータ分析することで今まで農業生産者も含めて気が付いていなかった新たな価値が生まれる。これが農業の匠の技術を形式知化できるメソッドの確立につながり、人材や農業機械の適材適所配置など、各種シーンの意思決定に役立つ様々なシミュレーションが可能になる。収穫量・クオリティ・コストなどの目標を設定し、それを実現するためのリスクを最低限にし、最大収益を得るための精緻な計画を描くことができる。これが、現状 KKO（経験、勘、思い込み）に頼り、「一か八か」の判断に頼らざるを得ない農業生産者にとって、最も求められていることなのである。現在は、組織・企業内で蓄積された作業やコストの実績データを AI 等を駆使し解析することにより、経営や生産の意思決定にどう活かせるか一部の先端的な農業生産者が新たな知見につなげるトライアルを始めている。

5.2.1　作業時間から人件費の把握

　電機メーカー等であれば、その製品を組み立てるのに必要な工数を明らかにし、人件費をコストとして積み上げたうえで商品の販売価格

を決めていくのが普通である。しかしながら、農業の分野おいて「スマート農業」がクローズアップされている現在においても、大部分の農業生産者は、人件費も含めた農業生産におけるコストの積み上げができていない。したがって、投入した費用に対して儲かった、儲からなかったということさえも曖昧になっている。俗に言う「どんぶり勘定」である。しっかりと管理していると言われている農業生産者でさえも、農薬や肥料などの資材費用は積み上げてはいるが、人件費までは計上していない。

　このような状況に対し、ICT企業は、ICTによる効率化を武器に「作業が楽になり労働コスト削減になります。その削減分の一部で本ソリューションの代金をください」と営業をする。しかしこのようなことを言っても多くの農業生産者に「他の人に依頼や機械の導入をすると費用がかかるが自分が動けば無料で済む」とコンシューマー的な返事を返されてしまうのである。このように、ICT企業が「あなたの作業が楽になります。その代わりにお金をください」という訴求をしてもまったく通用しないのである。したがって、効率化だけの付加価値を訴求して、農業生産者にサービスを提案するのは、筆者は難しいと感じている。

　人件費を意識されている農業生産者においても精緻に換算できておらず「どんぶり勘定」であることが多い。多くの農業生産者は、どうやったら作業時間の短縮できるのか、この作業は本当に必要なのだろうか、もっと効率的に作業を進めるにはどうしたらいいのだろうか、ということを意識されていないのである。

　しかしながら、管理する農地の増大などにより、正規の従業員を雇うようになるとこの考えからの脱却が求められる。人件費が生産コストの重要なポジションに位置することになるからだ。多くの従業員を使って作業をしても、成果が同じであれば収入は変わらない。したがって効率良く短い時間で仕事を終わらせるという意識が求められてくるのである。結果的に作業の効率化や早期人材育成という、従来あ

まり表に出てこなかった課題に取り組まざるを得なくなってくる。こうして人件費が見えてくることで初めて「スマート農業」の実践により、労働コストを下げるという目的が出てくるのである。

　しかし、従来コストとして意識していなかった人件費をある日突然意識する体制に変えていくのはなかなか難しい。ここで異業種であるICT企業が農業生産と一緒にタッグを組んで真剣に悩み、AIやIoTなどをフル活用し、作業別、圃場別、担当者別といった観点でデータの収集や分析をする必要が出てくる。それにより、農業生産者の作業時間を減らすポイントを見出すことが可能となる。圃場での作業時間を日々記録することで、正確な圃場ごとの人件費の把握が可能になる。想定販売額に対し、播種してから現在までの現状コストのタイムリーな把握ができる。

　こうして圃場ごと、品目ごと、品種ごとのコストが見えてくることにより、下記に挙げた様々なことが見えてくる。

① 作業員ごとのそれぞれの作業の得手不得手
② 圃場ごとの作業性の良、不良
③ 品種ごとの生産性の良、不良

　これにより農業生産組織内での人的リソースの最適配置（適材適所）や土壌がぬかるんでいたりして足を取られやすく作業性の悪さがコストに及ぼす影響、そしてその圃場の気候、土壌にあった農業生産物（品種、品目）などが蓄積されたデータの分析によって得られる。つまり、「育てやすく、収益性の高い品種」というものが見えてくるのである。

5.2.2　コストの明確化により、収入増

　農業における収入は博打であり、儲かるか儲からないかはその年の運しだいだと多くの方に思われている。しかしながら、魅力ある農業

を担う次世代の農業生産者（スマートファーマー）はそうであってはならない。不確定要素を1つでも少なくし、毎年自分の想定した収入を得られるようにならなければいけない。

近年は、大手流通業者との契約栽培という形式を選択する農業生産者も多く、農業生産物ができる前から販売価格が決まっているという事例も出てきている。売値から見出した最大にかけられるコストをベースに最低採算ラインを決定することができるため、その結果、最低採算ラインを超えないように営農をしていくという方法をとることができる。

工業製品は、部品代金や組立作業等の人件費を事前に積み上げることができるが、農業生産におけるコストは、準備作業から播種、育苗、農薬散布、防除、元肥や追肥といった作業が日々行われることで、資材費、燃料費、人件費が時間とともに積み上がっていく。最低採算ラインと日々積み上げられるコストをタイムリーに見ることで、蓋を開けてみたら赤字だったという状態を回避できる。従来であれば何らかのミスや災害、事故などといったコストが増大する事象が発生してもその後も通常通りの作業を行い、結果的にコストの最低採算ラインを超えて赤字になってしまうところだが、タイムリーに現状のコスト状況が把握できることで「安価な農薬や資材に切り替える」、「歩留まりは下がるが人件費を抑える」といったリカバリー策を実施するという早期意思決定が可能になり、最終的に赤字になるリスクを回避することも可能となる（図5-2）。こうして細かなコストの積み上げがされることにより、市況の価格によって安く買いたたかれることを回避することにも貢献する。

さて、儲からないと言われる農業の収入を増やすためには、下記の項目を行うことで収入を増やすことができる。

① 農業生産物の収穫量を増やす
② 今まで捨てていた農業生産物を減らす

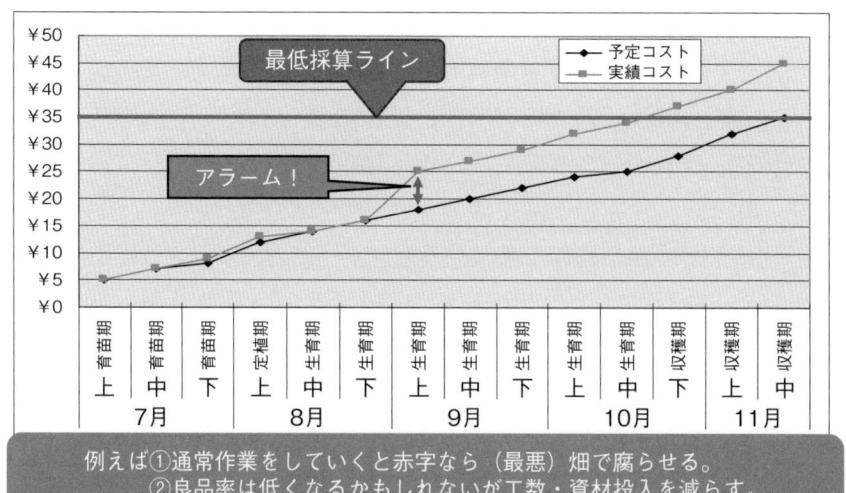

図5-2　コストシミュレーション

③　付加価値を上げて前よりも高く売る

　これらを実現するには、「スマート農業」の実践がその糸口になる。圃場ごとの作業の進捗状況や作物の生育状況を全従業員間で共有することにより、ミスを減らし、病気等の問題にもスピーディに対処するなど、綿密に農業生産物のメンテナンスができる。その結果、歩留まりが向上し、「収穫量を増やす」ことができる。農薬の散布回数のミスといったヒューマンエラーが大幅に減ることで「廃棄農産物を減らす」ことにも貢献する。さらには、ヒューマンエラーを徹底的に減らすことで安心安全の担保となりこれがブランド力の向上につながり、「高く売る」ことができる。

5.2.3　作付シミュレーション

　農業生産者の多くは、作付けする品種の選定にこだわりをもっている。また、大規模農業法人では、顧客である大手流通・小売から年間

の安定供給を要求される。約束した収穫量確保のために、同じキャベツであっても複数の品種を使って、少しずつ播種時期をずらして栽培をしている。毎年、過去の経験から試行錯誤しながら計画を立ててみるものの、パラメータが多く、さらには記憶違いなどもあり、なかなか思い通りにいかないと嘆く農業生産者が多い。

　九州エリアにて、通年で農業生産物を収穫したいというある農業生産法人は、キャベツ1つとっても10種類近い品種を選定し、その組み合わせで通年出荷の実現を目指している。暑さに強い品種、寒さに強い品種、成長が遅い品種（晩生）、成長が早い品種（早生）などを組み合わせるのである。さらには、その個々の品種の播種時期をずらすといった工夫も行っているのである。

　このような、大規模農業法人の年間の一大イベントでもある作付計画において、年間を通して昨年の受注状況から今年度の予想出荷量を決め、どの圃場にいつ種や苗を植えていくかということをスケジューリングしていく。輪作や連作、顧客納期などの情報を加味し、最適な品種を選定し、播種時期や栽培圃場を決めていく。しかしながら、この無限のパターンが存在する作付計画においても経験と勘が頼りになっているのである。そこで、作業記録と環境モニタリング、それと収穫量を精緻に管理しグラフ化することによって、次年度以降の作付計画の策定が容易になるのである。

　よく「ICTの導入によって収穫量が増えた」ということを聞くが、これが精緻な計画によって当初より収穫量の増加が想定されていたのであればよいが、予想に反して多くできてしまったというのであれば、「本当にICTのお陰なのか？」という疑問が発生する。農業協同組合に全数買い取ってもらっている農業生産者であれば単純に収穫が増えることにメリットはあるが、大手流通企業などと契約栽培している農業生産者であれば、多く収穫された農業生産物の新たな売り先を探さなければならなくなってしまうのである。その結果、販売先が見つかったとしても、結果的に足元を見られて、非常に安い値段で買い

叩かれるのだ。もし売り先が見つからなかったりすると、収穫にかかった人件費や廃棄費用によって赤字に転じてしまうこともある。

そこで、作付シミュレーションの必要性が出てくる。過去の作業履歴・環境履歴・収穫履歴・販売履歴などのデータが正確に蓄積できるようになれば、蓄積されたデータを元にその年の月々の予定出荷量を設定するだけで、播種時期や定植開始日など現時点で考えうる最適な作付計画（作業スケジュール含）の作成が可能となる。

例年の需要から毎月の必要収穫量を想定し、その収穫時期にあわせるべく品種と播種の時期を想定し、年間の作業スケジュールを作成するというものである。このシミュレーションには、農業生産者個々の状況を加味してカスタマイズできることが必須となる。たとえば、「比較的手間のかかる農業生産物は、事務所がある地点から近い圃場に作付けする」といった条件である。これとは別に、輪作条件や連作が可能な最低限の回数なども加味する。輪作条件は過去数年間にその圃場で栽培していた作物の品目の情報が必要になる。記憶を頼りに計画しているとミスが発生してしまうのは皆様も容易に予想がつくであろう。

さて、こうして設定した条件を元に作付計画を作成していくわけだが、どうしてもそのルールを守れない圃場が出てくる。たとえば「手間がかかるので近くに配置したいが、輪作条件によりそこでは作れない」といった事象だ。こういった場合の優先度も個々の農業生産者によっても変わってくる。「遠くなっても輪作条件に従って配置するか、輪作条件を守れないが近くに配置するか」などである。このように個々に設定したルールが守れない場合においても、過去に事例がなく初めて発生する事象の場合は、次の判断に至るための優先度についても学ばせておく必要がある。

こういった場面で、昨今よくキーワードとして出てくる「ディープラーニング」という手法により、データの解析を元にした判断の支援ができる。分類に必要な特性がハッキリとさえしていれば、人間の数

倍以上のスピードと正確さで分類が可能になるのである。農業生産者の試行錯誤・創意工夫・こだわりが「農業ビッグデータ」として蓄積されることにより、過去に事例がない初めての事象であっても最善の手段を提案してくれるようになる。

　この「作付シミュレーション」（筆者造語）手法が確立され、さらに「アグリAI」（筆者造語）として進化を遂げることで、「何月の第何週に何をどれくらいの量が欲しい」という情報を入れておけば、輪作や連作、顧客納期などの情報を加味し、総量と圃場の適正（どの作物を作ると多く収穫できるかなど）から最適な品種を選定し、播種時期や定植開始日からの各種作業スケジュールも自動で作成してくれる。また、1月から圃場準備の時期までの気候変動をベースとして、過去の類似した気候の年の作付状況と品質や収穫量と照らし合わせ品種選定や播種時期、さらには生産量の参考にもすることができるのである。

　ここまで到達できれば、「作付コンシェルジュ」（筆者造語）に発展していくことが望まれる。たとえば、「今年の気候は、現時点において2015年に類似している。この年は、ニンジンは収益率が悪く、キャベツは良かった。したがって今年は、ニンジンを減らし、キャベツを増やした方が良い」といったアドバイスが可能になる。またこの仕組みは、資材類の受発注にも連携が十分に可能であることが想定される。

　一般の方は驚かれるかもしれないが、農業生産者の重要なリスクヘッジの手段が農薬散布なのである。と同時に農業生産者にとって一番のリスクでもあるといっても過言ではない。何故ならば、決められた上限回数まで散布せずに何か病気が発生し、手塩にかけた生産物がすべて無駄になることを恐れているからである。これが「農業ビッグデータ」のAI解析により、たとえば「ある農薬の散布回数を半分にしても、病気の発生率やクオリティには問題がない」ということがわかったり、カメラやセンサーにより病気の発生を事前予測できれば、環境制御などにより防止できるかもしれない。その結果、農薬や肥料を減らすことが可能になる。これらデータが整備されれば、農薬を減

らしたことによるクオリティや収穫量の相関の把握も可能である。結果的に「スマート農業」の実践によって農薬や化学肥料を最低限にした野菜や果実の生産が可能になる。

このように「スマート農業」の実践は農薬散布の代わりにもなり、安心・安全にもつながるのである。同時に高付加価値化が望め、さらには資材の削減にもつながる作業計画、作付計画が立てられることで農業生産者の収益向上に多大な貢献をするのである。

5.3　匠の技術（ノウハウ、ナレッジ、こだわり）継承

現在高齢となられている農業の匠は、長年「両親や師匠の背中を見て学ぶ」ということを経て、現在に至っている。したがって、「見て、経験して覚える」というのが通常であり、現代においても明文化がほとんどされていないのが実情である。

現在、「スマート農業」に取り組んでいる農業生産者は大きく2つに分けることができる。まずは、50〜60代で自分のノウハウを息子や娘もしくは別の後継者への事業継続・継承の一環で明文化したいというケースである。もう1つは、親から世代交代をして、両親の農業から「革新的に変えてやる！」と燃えている30〜40代のケースである。特に、50〜60代で「スマート農業」に積極的に取り組んでいる方々としては、自分が今後、他界するようなことがあっても、先祖代々伝承されたもしくは、自分が永年培った農業のナレッジやノウハウ（創意工夫や試行錯誤、こだわり）を誰もがわかる形で明文化して残し、その農業を継承する後継者が戸惑わず、初年度からこれまでと同等のクオリティの生産物を生産可能にすることを目指して取り組まれている。

農業生産者は、両親が長年守ってきた土地を受け継ぐ者、まったく

新規に異業種から参入する者など、多種多様な経緯や背景で就農している。したがって、経験をベースにそれぞれが独自の成長をしていく職業であり、十人十色の手法やこだわり（物語、ストーリー）がある。その結果、ICT関連企業が特定の農業生産者からヒアリングして作り上げたソリューションは別の農業生産者には当てはまらず、「使うことができない」という評価につながってしまうのである。
　農業の匠といわれる農業生産者は、長年のKKO（経験、勘、思い込み）だけで意思決定しているわけではなく、様々なパラメータを得て、それを複合的に判断し、意思決定している。したがって、匠が何かを判断する際にどんな情報を得ているのか、そこでどんな意思決定をしたのか、その結果が良かったのか悪かったのか、といった情報をすべてデータベースに蓄積にすることで、将来的に経営者や作業者が交代しても、過去の成功事例・失敗事例が継承され、クオリティ・コストともに維持可能となる。
　「スマート農業」を実践するメリットは、家族間継承の場合にも大いに効果を発揮する。農業生産者を継ぐタイミングの多くが父親の他界であり、技術伝承がなされないまま後継者にバトンが渡されるシーンが多い。こうなると子供の頃に手伝っていた感覚はあれども、農業の専門的な知識や技術、さらには両親がこだわって行っていた生産手法がほとんど継承されず、素人同然で農業に従事することになる。結果的に両親が永年苦しんで培った道を息子がまた一歩一歩進んでいくという悲劇が待っているのである。さらには、異業種でサラリーマンをしていた息子は、マニュアルのない農業という職業に対して戸惑いや不安を感じながらも試行錯誤して農業をはじめるわけだが、両親が作っていた農業生産物と同等のクオリティは確保できず、そのせいで長年のファンも離れていき、結果的に離農することにつながってしまう。これを恐れた現役世代が自分の後継者のために自分のノウハウを残そうと「スマート農業」の実践により、明文化しようと試行錯誤を繰り返している事例も出てきている。

あるゴール（収穫量やクオリティ）を定めた時、農業の生育期間にも各種マイルストーンが間違いなく存在しており、農業の匠は作付計画をベースにマイルストーンを設定し、経験や勘によって判断を行い、各種作業を実施している。昨今、この経験や勘を明文化するため農業現場に各種センサーを配置する農業生産者が出てきているが、多くの方々はこの各種センサーで蓄積されたデータそのものが大事なナレッジやノウハウであると勘違いされている。確かに、作業履歴やセンサーデータを使うことにより、「誰が、どこの圃場で○○な気候の中、何時間どの作業をした」ということは把握できる。しかしながら、実施した個々の作業の効果についてまでは記録されていないという事例が多い。つまり、新しい農薬を試したという情報はデータとして記録されているが、その農薬が効いたのか効かなかったのかという結果がデータとして残っていないことがあるのである。
　たとえば、ある圃場の年間目標として、「前年比120％の収益向上」とした時、作業履歴には、「5月1日に○○さんが△△という新しくトライアルする農薬を□□の量だけ散布した」といった作業履歴が日々蓄積される。この結果、最終的に収益が前年比120％なったとしても「トライアルした農薬が良かったのか」、「気候が良かったのか」、「作業が上手くできたのか」、「運良く市況が高騰したのか」など、「何が良くてその結果になったのか」という相関を見出すことができない。これでは、年間を通して収穫量やクオリティが向上したとしてもその理由を見出すことは困難になってしまうのである。この農薬散布の例の場合、散布後効果が出る時期にマイルストーンを設置し、農薬の効果検証を行う必要があった。「匠の農業の技術」を後世に残していくためには、このように個々の作業の結果（良い結果だけでなく悪い結果も）を蓄積していかなければならない。
　このほかノウハウやナレッジと同じように扱われるものに、農業生産者個々のこだわり（物語、ストーリー）がある。これは自分以外では実施されない思考や行為であることが多い。ノウハウとの違いは、

恐らくその根拠について科学的に証明するのが困難であるというところであろう。自分の生産する農業生産物が良いと信じ、それが他で生産された農業生産物との差別化に重要な事象であると思い実施していることである。しかしながら、こだわりは得てしてロジックがしっかりしているわけではなく、長年実施していたが実はあまり生産量やクオリティに関係ない作業であるなど、悪く言えば「思い込みや勘違い」である可能性も秘めているのである。

　「スマート農業」の導入により、データに基づいた精緻な農業（精密農業）を実施し、そのアクションとその成果（事前に設定したマイルストーンとの乖離）を設置するなど細かなPDCAサイクルを繰り返すことで、根拠のない思い込みであった作業を取り除き効率化・コストダウンにつなげる、もしくは「ブランド化における差別化（付加価値）」として明確に位置付けていくことが必要になってくる。「ブランド化における差別化（付加価値）」のために実施しているという太鼓判（証明）が押されればそのブランドの訴求力は強い。

　このように、筆者の知る限り、良いものを作る農業生産者は、単にテクニックが素晴らしいだけではなく、規模の大小はあれ、日々の営農活動にて集めたデータを研究している。そしてその結果を生産に活かすという、日々の創意工夫や試行錯誤（トライ＆エラー）が彼らのスキル向上の源になっている。

　将来像としては、確実性を見出し、しっかりと明文化がされていれば、営農におけるなんらかの課題に遭遇し、選択の分岐点に立った農業生産者に対し、AIが適切なアドバイスをしてくれる。このように、ノウハウやナレッジ、さらにはこだわりの証明には「スマート農業」の実践が必須なのである。匠の技術も、「スマート農業」の実践により形式知化が可能になってきているのである。

5.4　ブランド、フランチャイズ化

　筆者が出会う農業生産者は、日々、良いものを作ろうと懸命に努力されており、「味では負けない、品質では負けない、技術では負けない」と語られ、国内の他の地域をライバルと意識し常に戦われている。しかしそれは、「自分は日々努力をしている」という自信から語られており、自分の農業生産物ならではの特徴を明確に伝えられているとは言い難い。

　こうして日本の農業生産者が、国内の地域間競争に相当の労力をかけて戦っているのをよそ目に、海外では「ジャパンブランド」のプレゼンスの高さを利用し、様々な日本産をイメージさせるブランドが生まれてしまっている。「和牛」がその代表例である。直近では、平昌オリンピックにて、カーリング女子チームが試合中の補助食品として食べていたイチゴが、もともとは日本で品種改良された物であったということは記憶に新しい。このような事情を知って消費者が購入してくれればよいが、日本にて血の滲むような努力の末に生まれたすばらしい品種が、その後なんらかの事情で海外で生産されその国のものとしてブランド化されてしまったり、逆に「和牛」のように日本産として誤認識するような名前で流通し、食した結果「美味しくない」という感想になってしまうと「ジャパンブランド」のイメージダウンにつながることが危惧される。また、現在の「ジャパンブランド」は場所に紐付いており、その地域で収穫されたことがブランドとされているために、生産者の違いによるクオリティのばらつきが発生するのは否めない。結果的にクオリティの低い農業生産物を最初に手に取った海外の消費者は、「ジャパンブランド」に対する不信感をもつことになってしまうのである。

　したがって、農業生産物の輸出を考えた場合の最初の戦略としては、海外の富裕層をターゲットとし、クオリティを制御し、さらには細かなランク設定を行うことにより、最高級ランクだけを出していく

という戦略が必要だと筆者は思っている。富裕層にしっかりとファンを作ることができた次のステップとして、セカンドクオリティ品を中間所得層に展開していくというのが正解であろう。

　先にも述べたが、日本の農産物は場所に紐付いた〇〇県産などを謳い、その結果、国内において都道府県間の産地間競争を生み、足の引っ張り合いを生んでいる。私がよく事例として話すのは、夕張メロンと富良野メロンである。世界地図で見たらほぼ同じ地点に位置するそのエリアで、ブランド名の違いにより大きく販売価格に違いが出ているのである。筆者を含めた多くの一般の方々は、その味の違いはおそらくわからないにもかかわらずである。この小さなエリア内での過当競争は、海外から見れば意味のないことに映るであろう。多くの外国人は、〇〇県産という日本の都道府県を言われてもそこがどこなのかピンとこないというのが正直なところであろう。そういった現状にもかかわらず日本における農業生産物のトップセールスは、各都道府県の知事が海外に出向いて行っており、これも島国日本での無駄な産地間競争を生む火種になっていると思われる。

　また政府も目標に掲げるのは輸出額だけであり、その実現ストーリーが政策としてはっきりしていない。したがって、ブランド・アイデンティティー（Brand Identity）が明確になっていない状況下において、パンフレットや幟（のぼり）を作ったり、イベントを仕掛けることで知名度を上げようとしていることが、多額の費用をはじめとする多くの無駄を生んでいるのが実情である。これは、知名度を向上させることがブランド化であると多くの方が勘違いしているからである。その労力を少しでも品質を高めるということに使っていただければと筆者は、感じている。

　日本の農業生産物はどれを取っても世界最高レベルであるにもかかわらず、そのどんぐりの背比べの中で無駄な戦いをして多くの人々が疲弊しているように見受けられる。筆者の考える「日本が目指すべき農業」は、イタリアやフランスのワイン同様に「どれをとっても素晴

らしい、なかでも自分の好みはこれだ」となることであり、国内での不毛な争いではなく、それぞれの産地が手を組み日本というチームの一員としてジャパンブランドの付加価値を皆で向上させるということを目指すべきだと考えている。

したがって、「ジャパンブランド」の農業生産物が、なぜ安心・安全で優れているのかというブランドの太鼓判（証明）を押せる手法（模造品と差別化できる根拠やツール、スキル等）を生み出していく必要がある。偽物が発生するリスクも容易に想定され、農業生産者には「自分の生産物かどうか見極めるスキルや根拠」が必要になってくる。

対象にはクオリティだけでなく生産手法等も含まれる。今ある最先端技術の各種センサー等を使って個々のブランドのクオリティを数値化することができる。生産手法等については、「GLOBAL GAP」や「地理的表示保護制度」（GI）さらには機能性表示食品の取得、特許取得などで明文化を行い権利化することで保証するなど、ブランド保護対策についても「スマート農業」の実践による担保が早急に求められているのである。

昨今、農林水産省が地域ブランドを維持し、国策で「ジャパンブランド」を守ろうと作られた制度に「地理的表示保護制度」（GI、2015.6施行）というものがある。この制度に認証されれば知的財産として扱われ、偽造された生産物などが出た場合、国の方で制裁措置がなされる。この施策は数年前から進めているが認知度が低く、まだあまり取り組まれていない。したがって、今現在であれば、ある意味取得のチャンスである。生産開始から約25年が経っており、地域の誰もが名産品であると認識しているというのが基本条件である。これは、地域のブランドを守るためにクオリティや形、生産方法などの特性を明文化するとともにそれを守れる体制の整備ができる組織に対して認証される。

今後、農業法人がさらに大規模化を続けると、個々の企業ならではのノウハウやナレッジ、こだわりが複数拠点に展開され、日本もしく

は世界全土へフランチャイズ化されていく事例が今後急激に増加していくと筆者は想定している。しかしピンとこない方も多いだろう。なぜなら今までの農業のブランドのほとんどが「地名＋品目」にて構成されているからである。

　蓄積されたノウハウは、一農業法人の継承にだけ使うのではなく、集合知としてどのシーンでも当てはまる、もしくは閾値にて可変可能なモデルとして創造することで、ゼロから農業を始める新規就農者や異業種参入企業に対して大変にありがたいものとなる。しかしながら、この集合知の他への展開（販売）については農業生産者の理解を得るのには時間がかかる。長年、ノウハウや技術を隠しておくことがリスク回避の手段となっていた業界であり、勝手にノウハウや技術が模倣されて痛い思いをしてきた人達が多いからである。特に近県や近隣の農業協同組合間での競争が激しく、県の農業試験場などの公共機関でさえも他県に情報が出ていくことを極端に嫌うというのが実情である。したがって、お互いが隠すことで、良い技術もなかなか水平展開されず、すでに行われていて比較的標準的なことさえ明らかになっていないのである。

　農業生産者がナレッジやノウハウを明文化し、ラーメン店のような「のれん分け」やフランチャイズ化して水平展開するなど、そのノウハウやナレッジを活用すれば、農業生産者（農業生産法人）のブランドを日本全国、世界各国へ広めることが可能になるのである。この結果、今まで土地に紐付いていたブランド名が企業に紐付くことで、日本のどこで作っても同じブランド名で出すことが可能になる。「企業ブランド」名の付いた生産物だ。今後この「企業ブランド」はどんどん出てくることが想定される。ドールやゼスプリといったグローバル企業が良い事例である。

　農業の世界で「企業ブランド」を展開する彼らは、自分の組織ならではの生産方法やクオリティ、コストなどを明確に定義し、その範囲内に入っているものだけにブランドネームをつけて付加価値をつけよ

うという狙いだ。これは小売の世界では一部実現され、タカノフルーツパーラーや千疋屋などは流行している生産物を彼らのクオリティで選別し、その中で最高のクオリティのものだけを店頭に並べることで"千疋屋クオリティ"が生まれている。この差別化が今後は農業法人の階層で実施されていく可能性が出てきている。

　筆者が取材した熊本の八代地域農業協同組合では、「はちべえトマト」という名でトマトのブランド化に取り組んでいる。ブランドを単なる産地としてではなく、そのエリアならではの生産方法やクオリティ、コストといったものを明文化し、その枠に入ったものをブランドとして定義できないかという取り組みである。このように、組合員である農業生産者の所得を少しでも多くしようと汗をかいている農業協同組合も存在しており、「農協が悪の権化だ」と一般的に決めつけられているのには、筆者には非常に違和感がある。

　宮城県山元町の株式会社GRA（代表取締役：岩佐大輝氏）は、「スマート農業」を駆使し「ミガキイチゴ」というブランド名での生産に成功している（図5-3）。「ミガキイチゴ」という品種を作ったのではなく、生産方法やクオリティをICTで管理し、「こぶし大の一粒千円のイチゴを作る」という独自の「こだわり」を実現したイチゴに、ブランド名を付けて販売している。今まで農業生産物のブランドは「魚沼産コシヒカリ」のように土地に紐付いていたが、このように土地に紐付けず、生産方法やナレッジを明文化することで、日本全国だけではなく、世界の至る所で「ミガキイチゴ」が作れることになる。こうしたブランド戦略が成功すればどんどん生産量を増やすこともできる。これは土地に紐付いたブランドではできない。株式会社GRAでは、すでに海外でのイチゴ栽培の展開をはじめている。

　これらを鑑みると、自分の農業生産物がブランド地域で作られているから安泰だと言ってはいられない。したがって、今こそコストやクオリティ、生産方法をしっかりと明文化していく必要がある。地理的表示保護制度（GI）を取得するには、まずそのブランドならではの特

図5-3

徴や生産時のこだわりを担保するような方法を検討する必要が出てくる。これらを明らかにすることで、そのブランドが何故高いのかという証になるのである。これは、間違いなく他の地域ブランドの触発にもつながる。すでに海外の有名シェフは、今まで日本の食材を個々にリサーチしていたが、最近では最初にGI認定を取得した食材から試すという手法に変更されてきていると聞く。

　これとは別に、消費者庁にて「機能性表示食品」という規格が作られた。食品の機能性をある成分だけ高めることで何らかの効用があることが科学的に証明することができれば、認識されるというものだ（機能を下げた低カリウムレタスなどは機能性表示食品にはならないとのこと）。たとえば、それには高リコピントマトなどが存在する。高リコピントマトは、リコピンという栄養素を高めたものである。これ

らは、品種個々の特性だけではなく、植物工場で精緻に管理されることで実現されている。

　電化製品と同じようにカタログに書かれたスペックを必ず守ることで、通常トマトよりも高い価格で販売することが可能になるのである。この場合、出荷した生産物とその生産履歴が後で結び付くように設計しておくのが必須である。最近は、農業生産物そのものをセンサーなどで計測することで品質や成分の違いを知ることができる。農業生産物ブランドの成分が明らかになっていれば、偽物が出てきてもある数値を測れば偽物であることを判明できる。それが難しい場合は、こだわりの作業を必ず実施したというチェックを2重3重に行い（チェックそのものは人でもAIでも構わない）、その記録を生産管理に蓄積することで農業生産物のカルテとして保証するということである。機能性表示食品にはあたらないが、カリウムを低くする工程を行い生産された低カリウム野菜は、通常スーパーで売られているものより数倍高くても肝臓が悪く生野菜を食べることを禁止されている方々や健康思考の方々に、需要がある。

　このほかに、「有機JAS」などの規格がある。「有機JAS」は、決められたルールで有機栽培を行っている組織に対して認められる。JASは、日本の安全基準として海外にも知られており、こちらを取得することでGLOBAL GAP取得と同じく、輸出がしやすくなる。「機能性表示食品」「地理的表示（GI）保護制度」「有機JAS」これら3つの認証は、GLOBAL GAP取得とならび農業生産物ブランド化の上で地域生産物ブランド化コンソーシアム（協議会）などを作り、「スマート農業」を活用したゴールとして定めるのに非常に良い目標になるのである。

　昨今、GLOBAL GAPという欧州で確立された認証制度を活用する農業生産者が増えてきた。この規範を取得するには、役割分担や業務フローなどを明確化にすることが必須とされている。これにより、結果的に十人十色であった農業生産者の営農スタイルが他産業同様に、

組織ごとにある程度体制化・定型化が進み、「スマート農業」を受け入れやすい状況を実践しやすくなると見込んでいる。

　「ジャパンブランド」として多くの消費者が国内産を求める傾向があるのは、各種リスクを低減させるため、および安心・安全の追求のためである。生産物のブランド化といえば、夕張メロンや魚沼産コシヒカリなどを思い浮かべる方が多いのではないだろうか。このように地名でブランド化を行うと、当たり前であるがその地域全体で作る以上に規模を大きくしようとしてもできない。また近隣の農業生産物との違いも地域の名前以外の違いを明確に打ち出せるブランドはほとんどない。これではブランド地域とそれ以外の地域で農業するのは、実力に関係なくブランド地域で農業をする方が収益に貢献するのは明らかに想像できる。

　1章でも触れたが、今後外国産の比較的安心・安全で安価な農産物が国内流通する時代がくる。この中でこれからの農業生産者は生き残っていかなければならない。そのためスマート農業の実践により、「ジャパンブランドクオリティ」を明らかにし、最高級であることを担保して輸出することで、さらなるプレゼンスの向上に取り組んでいかなければならない。

5.5　「知的財産」が農業生産者の新たな収益源に

　農業生産者の収入源は、主に1年間手塩にかけてきた生産物を市況に応じて販売した金額となる。その生産物が全国的に不足している時期に出荷できれば高値となり、多くの収益を得ることになるが、豊作で市場の需要に対して多く収穫されると底値で売買されることになる。1年間同じ努力をしているにもかかわらず自分に関係のない所で値段が決まり、その時々の各種状況によって、損するか得するかが決

まってしまうというのが農業の実情なのである。これではビジネスというよりギャンブルと大して変わらない。確かに高値になれば俗にいう「ごぼう御殿が建った」(ごぼうが高値でそのタイミングで出荷できたことによって大きな収益を得て、家が建ったという様を示す)となるわけだが、その反対になると、生活ができなくなる程の影響が出てくる。したがって、現在のコスト構造における収入の増加だけでなく、高付加価値化もしくは、新たな収入源を得ることにより、農業生産者の収入増加につなげることが求められているのである。

　この状況が、「スマート農業」が普及した時代で考えるとどうなるかと言うと、自分達のノウハウやナレッジが明文化され、そのノウハウやナレッジを学んだAIが判断し、施設園芸や植物工場であれば自律した環境制御による収穫時期の調整ができ、露地栽培野菜の出荷ができず市況が高くなるタイミングにちょうど収穫時期となる生産物へ各種リソースを振り分けるといった判断が可能になるのである。

　「奇跡のリンゴ」で映画にもなった木村秋則さんをご存知だろうか？農薬を使わず除草剤も散布しないで素晴らしいリンゴを作った伝説の農業生産者である。彼の農法は、一般的には自然農法と呼ばれている。この農法は、現時点で国としての法律や規約、ガイドライン等が存在しないため、どのような物を自然農法というかについて明確には定義できないが、自然環境に悪影響を与える可能性のあることは何もしないというものである。この自然農法はまさに経験、勘の宝庫である。筆者も以前、木村さんのシンポジウムに参加する機会があり、僭越ながら「スマート農業」について意見交換をさせていただいた。先入観では「とんでもない」と否定されると思っていたが、それどころか「スマート農業」は自然農法に合いそうだというニュアンスの反応をいただき、嬉しく感じたのをよく覚えている。

　この数年の「スマート農業」ブームで、気象データ、土壌データ、作物の生育データ、衛生データ、作業データなどの「農業ビッグデータ」が蓄積され始めている。現在政府の方針で、この「農業ビッグデー

タ」を解析することで日本の農業の匠の技術を明文化して、「日式農法」を明らかにしようという取り組みが始まっている。そして確立された「日式農法」は、農業生産物と一緒に輸出をしていこうとしている。筆者もこの施策自体は、間違っているとは思わない。しかしながら筆者の感覚では、時期尚早であると言わざるを得ない。

　「日式農法」をモデル化するにあたり、気候条件がまったく違うエリアのデータを集め相関を取っても、日本国内のどこにも当てはまらないモデルができてしまう。他産業はともかく、こと農業に限ってはエリアに閉じられた気候や土壌をキーにしたノウハウやナレッジが重要であり、それらを確立することが地域の生産物のブランドを確固たるものにする太鼓判（証明）になるのである。

　KKO（経験、勘、思い込み）に頼っていた今までの農業は、現時点においてもそのノウハウはマニュアル化されていない。個々の組織やエリアが自分達のものづくりの方法を確固たるものにできていないのにもかかわらず、集合データから入っても正確な知恵にならないと思うのである。したがって、未来の施策としてはよいが、まずブランドの最小単位である農業法人や農業協同組合の単位でこれら明文化する動きをするのが先決であろう。生産方法・クオリティ・コストをコントロールすることにより、地域や企業のブランドを生成・維持することで、結果的に個々の農業生産者の事業継続・継承につながるはずである。

　これにより「安心・安全で高度な日本農業のノウハウ」は、実際の作業とそのデータ、およびその効果が結合されてルール化され、「知的財産」になる。また、今まで生産物だけだった農業生産者の収益源に、これら個々の農業生産者のナレッジを独自の手法として「知的財産」の権利を得て、他の農業生産者にそのモデルごとに販売することで、「ライセンス料」という比較的安定した新たな収入源が加わるわけだ。もちろんモデル販売、ライセンス料だけでなく、導入当初などは技術指導などもすればその工数も請求ができる。さらにその地域や企業な

らではのクオリティや生産方法などの「こだわり」や「物語（ストーリー）」を明文化し、オープンデータ化、共有化することで、ブランド価値の維持・向上につながり、地域の活性化にも貢献できるのである。

5.6 非破壊センシング、クオリティの担保

　農業生産物のスペックの定義には様々あるが、大きさ、形、外観でまず振り分けられ、その他は糖度などで分類される。科学の進歩とともに、農業生産物を割って果汁を絞って計測しなくとも、非破壊センサーにて、タイムリーに把握できるようになってきている。しかしながら現状は非破壊にて測れるものが少なく、糖度等で振り分けられてランク分けをされている生産物は、比較的高値で売買される果実等に限られている。TPP11により、今後海外で生産された比較的安心・安全な農業生産物が安く入ってくるのが容易に想定されるため、非破壊センシングにて得ることができる情報を少しでも多く取得し、日本の農業生産物の品質の良さを明らかにし、海外から入ってくる生産物との差を示すことが求められる。自ブランドのクオリティを数値化することができれば、そのクオリティを維持するためのマニュアル化などにもつながるのである。また、模倣品などが横行した際には自ブランドを守る大事な保険となる。

　要するに、本書内で何度も筆者が語っている「情報武装」の手段の1つになるのである。これは現時点においては投資効果としての期待が難しく、導入するのを戸惑う方も多いだろうが、次世代の農業生産者（スマートファーマー）は、必ず意識しなければならないことである。

　イーサポートリンク株式会社（農業支援事業部）は、青森県でりんご事業を展開している。りんごは選果機によって、色や大きさや形などによって細かく等級分けされている。この選果場では、農業生産者

ごとに選果を行うことを徹底しており、個々の農業生産者が選果場へ持ち込んだりんごを等級別(クオリティランク)にキロ数を計上し、同時に平均キロ単価を算出することで、受験における偏差値的なものを算出し、農業生産者に提供している。その結果、農業生産者個々がその選果場にもってくる生産物が農業生産者全体のどの位置(ポジション)にいるかを明確に把握することができる。そのため農業生産者は、次の目標を立てることができる。旧来、同じエリア内で農業生産者をランク付けをするというようなことはタブーとされてきた。生産物の農業生産者ごとのクオリティ情報が明文化され、あえて競争環境を作りだしていることが、農業生産者のスキルやモチベーションを向上・維持し続けることにつながっていくのである。農業生産者を競争原理にさらすことによるスキルやモチベーション向上が生まれたことにより、このエリアは年々りんごのクオリティが向上しているとのことである。

5.7 選果データと生産管理データの融合

　このように、農業を生産者のモチベーションを維持する魅力ある職業にするのに大切なことは、日々の生産における創意工夫や試行錯誤の結果、品質の良い農業生産物が多く収穫でき、高価で買い取られ、同時に自分のスキルが年々いや日々向上していると実感できる環境にすることにつきると思っている。筆者がこの10年かかわってきた「スマート農業」だが、今現在、日本の歴史上過去にないくらいにデータが蓄積されていると言っても過言ではない。しかしながら、作業履歴や環境センシングデータなど、生産にかかわった情報とそれ以外の情報の結合事例はまだ少なく、劇的な変化を生む「イノベーション」という領域には到達していないのが実情である。

　最終章で食・農に関係する他のプレイヤーとの情報連携の姿につい

ては細かく記載するが、農業生産者が蓄積している生産管理、俗にいう作業日誌のデータと、収穫され選果場や選果システムにて得られた農業生産物のクオリティランクの結びつきは今すぐに取り掛からなければならないと思っている。これを行うことで、生産者ごと、圃場ごと、さらには樹木ごとに収穫物のクオリティランクが得られれば、その生産過程において行った作業や薬剤、肥料など、さらには土壌、気温、土中水分、土壌温度などの環境データとの相関を見出すことができる。その結果、個々の品種や品目ごとの最適な環境、作業といったモデルが得られると同時に、最高クオリティの生産物がどのような要素に起因しているのかということも見出せるであろうと仮説を立てている。現在は、その実現性の検証を開始し始めている。

5.8 画像解析技術の進歩と病害虫対策

　農業生産者が天候（気温、湿度など）と同じく常に意識し、注意を払っているのは、病気や害虫である。現時点では病害虫の発生状況は、日本全国レベルでまとめられておらず、自分が作付けしている圃場の作物に関する病害虫の発生状況を、GISなど位置情報との連携などにより、タイムリーに把握できれば、本当に対処が必要な病気に対して事前に準備しておくことができる。

　現在は地方自治体が発生状況などを発信しているため、都道府県を越えてしまうと情報が少なくなってしまい県境の農業生産者は両方の自治体の病害虫情報を閲覧しなければならない。またこれら病害虫への警告の手法も自治体ごとに多少の違いがあり、同じ表記であっても同レベルの警戒や対策が必要なのか判断はできないというのが実情である。結果的に農業生産者は、病害虫の発生により農業生産物が全滅になってしまうという状況を回避するため、使用限度いっぱいまでの農薬散布を実施し、来るか来ないかわからない病害虫へのリスクヘッ

ジをするしかないのである。

　病害虫の発生状況の判断は、新規就農者には非常に難しく、ベテランであっても類似の病気と間違って判断する可能性もあり得る。新規就農者が現場である病気や害虫を見つけても、対処がわからずそのまま放置したり、一度事務所に戻り、社長や先輩、近隣の農業の匠に病害虫の発生現場まできてもらい、対処方法などのアドバイスをもらうというのが現在の対処の大部分を占めているだろう。これでは対処が遅れ、病気や害虫が蔓延してしまい、多大なる損害を発生させてしまう。

　そこで、日本全国の農業生産者が撮影した膨大な枚数の病気や害虫の画像データを蓄積し、ディープラーニングによって学習した画像の特徴点から農業現場でスマホ等で撮影したと同時に画像を解析し、タイムリーに病名や害虫を確定するといった画像解析技術の実現がみえてきている。同時にその病気や害虫の対処法や効果のある農薬の希釈倍率といった情報なども付加して的確にリコメンドすることで、農業生産者が早期にミスなく対処できるようになる。

　それぞれの農業生産物における発生しやすい病害虫について、病害虫の画像とその圃場を紐付け生産履歴や環境情報と結びつけることで、病害虫の発生しやすい環境やその対処方法を見出すことが可能になる。山梨県の奥野田ワイナリーでは、「ベト病」の発生予測をし、事前に対処をするということに日々試行錯誤されながら取り組まれている。「スマート農業」の実践が、農薬の代わりになり、農薬の量を減らせる日が来るのはそう遠くはない。

5.9　盗難、人災、犯罪

　農業生産におけるリスクは、鳥獣害や害虫、病気、人的ミスだけではなく、盗難などの各種犯罪も増加してきているため、自然災害だけ

には限らなくなってきている。前述のとおり、病気や害虫の発生については環境モニタリングにより、発生の予測や予防がある程度は可能である。環境や生育以外のリスクとして考えられるのは、作業員によるミス、人による盗難や犯罪などである。これらは基本的に保険の対象外であり、農業生産者の大きな痛手となるため、今後、これら人的リスクに対する保険を早期に考えていただけることを願う。

　第2章で記述したとおり、農業生産法人の大規模化により、従業員を多く雇う法人が増えてきている。その結果、同じ畑に同じ従業員が農薬を散布するとは限らず、人的ミスも発生しやすい状況にある。この人的ミスについてもクラウド活用による従業員間の情報シェアにより、回避可能だ。

　昨今、深刻なのは鳥獣害における被害であり、日本全国的な課題である。現状狩猟による駆除がメインの施策であるが、ハンターの高齢化などにより、従来の対策では追いついていないのが実情である。昨今このハンター不足などを補うために、IoTを使った罠や檻というものを開発・商品化している企業が何社か出てきている。赤外線などを活用して、獣の大きさなどを把握し、自動的に檻を閉めるという仕組みである。また、獣が捕まった様子をカメラでモニタリングし、捕獲したことをメールで通知するという仕組みなども備えている。その後、現場にハンターが出向いて仕留める。こうしてタイムリーに状況が通知されることで捕獲獣の肉を鮮度の良い状態で保つことにも貢献する。その結果、ジビエとして流通させることも比較的容易になるのである。これと同時に有害鳥獣の生態と、餌となる植物の有無、気候や風土などの情報を加味して、有害鳥獣がどのエリアで繁殖しやすいかといったこともAIの活用によりわかるようになってきている。

　有害鳥獣よりタチが悪いのは、人による盗難被害だ。獣は自分達の空腹が満たされれば、それ以上の被害を出さないが、人間は食べ頃となり出荷直近の野菜や果実を根こそぎトラックなどで持っていってしまう。サクランボや桃、葡萄、マンゴーといった高級果樹だけでなく、

野菜の高騰時には、白菜などの盗難も出てきている。こちらについても赤外線センサーと省電力無線により、不審な人物の圃場への侵入をメールで通知するとともに、不審人物への威嚇をするという仕組みが、山梨県の南アルプス市農業協同組合などにて導入されている。

5.10　衛星活用・リモートセンシング

　リモートセンシングとは、宇宙から地上の対象を測定する技術であり、衛星により撮影した画像を使って各種情報解析を行うことを示している。農業分野では、広大な農地を所有している北海道の大規模農地によって技術の確立が進んできた。太陽の光が植物の葉にあたり、反射してレンズに入る波長をとらえ、モノクロ画像に落とし込む。植物の葉は青や赤の光を吸収するが、目に見えない近赤外光は強く反射する。反射している近赤外光と吸収している赤色光を測れば生育状態の判断材料になるという。昨今は、植生指標NDVI（Normalized Difference Vegetation Index：正規化植生指標）を活用した様々な研究がされている。

　2017年10月27日に、経済産業省と文部科学省、宇宙航空研究開発機構（JAXA）、産業技術総合研究所、ICT関連企業、大学研究者らによる有識者会議が衛星データ活用に向けた報告書をまとめ、政府が占有しているデータ開放の方針を示した。JAXAは企業の活用を促すため、2018年度から国土地理院の地図作製や災害状況の把握などのために打ち上げられた地表を画像撮影する衛星「だいち」のデータを、希望する企業などに無償で提供する。産総研も膨大なデータをAIで分析する仕組みをつくる部分にて参画する。企業は会員登録をすれば、専用のウェブサイトなどから分析されたデータを自由に入手できるようになる。今までは、民間企業が利用するには高額であったために、多くの企業が衛星データ活用に二の足を踏んでいた。今回の決定

により、農業の分野においても、膨大なデータを人工知能（AI）での分析が可能になり、農業生産物の収穫予測などで活用を見込んでいるとのことである。たとえば、近赤外線などで農業生産物を撮影すれば、見た目でわからない糖度やタンパク質の量がわかる。農業生産法人などは収穫に最適な時期を的確に把握できるようになるのである。

　緑茶最大手の伊藤園は人工衛星とドローン（小型無人機）を使い、茶葉を効率的に生産する計画を発表している。茶葉を撮影し、独自のアルゴリズム（計算手法）で生育状態を調べる。衛星で分散する他のエリアの生育状況を把握し、収穫時期を判断することで全体でスムーズに収穫できる体制を整える。全体像がみえれば、農作業の優先順位をつけることが楽になる。摘みごろかどうかを調べ、契約農業生産者に伝える。お茶の市場が広がる一方、農業生産者が減り原料を調達しにくくなっている溝を先端技術で埋めるというものだ。現在の農業生産者のやり方は、茶葉の摘み取り時期が近づくと畑を回り、実際に摘んでみて熟度の分析に半日から1日かけて調べている。茶葉は成長が早く、分析結果を待っていると収穫のタイミングを逃す可能性があるのだ。

　将来的には、衛星から得られる情報をフル活用し、小麦の穂水分などから小麦の収穫時期の予測、米のタンパク成分から食味の良し悪しなど、作物の生育状況と過去の気候における生育結果、今後の天気予報などから最適な対処を常にAIが提案、複数の選択肢がない場合は経営者の意思決定を待たずに実行してくれるサービスも生まれるだろう。

5.11 ロボット・ドローン・アシストスーツ

　2015年10月に第三次安倍改造内閣が「一億総活躍社会の実現」というスローガンを掲げている。これはGDPの数値改善や健康寿命延伸による医療費削減という思惑からであることは容易に想定される。今までは、農業といえば「きつい・汚い・危険」と表現され、重労働であるというイメージが強く、高齢者や女性が取り組みにくい職業の代表であった。その中で現在国が労働力として期待しているのは、高齢者や女性、障がい者、ニート（若年無業者）、外国人である。現在、農業生産の現場においては、生産者の高齢化などにより、就農人口は年々大幅に減っており、今後も下降していくにもかかわらず、日本の農業の労働生産性が数十年前と比較しても依然としてほとんど改善されていない。また、日本の人口は今後大幅に減っていくと予想されているため、中でもロボット技術の進歩は非常に期待されている。

　ロボット農業機械については劇的な進化を遂げており、2018年はおそらくロボット農業機械元年になるのではと筆者は考えている。なぜなら有人監視下で無人による自動運転作業が可能なロボット農業機械が各農業機械メーカーから続々と販売が開始される年になるからである。ロボット農業機械は各種センサーによって機械の傾きや位置を測定し、旋回や作業機の上げ下げといった作業を自動化することができる。利用シーンとしては、随伴する農業機械に乗車した作業者がタブレットに表示されたロボット農業機械の映像を確認しながら2台で協調作業することで、1人で2台の農業機械を使った作業が可能になり、より効率的に作業が行えるようになる。これら大型のロボット農業機械だけでなく、小型の生育状況を見回るロボット、トマトやイチゴの収穫ロボットなど続々と世に出始めている。

　フューチャアグリ株式会社（代表取締役：蒲谷直樹氏）では、低コスト小型農業用ロボットとして「栽培見回りロボット」や「自律収穫台車ロボット」の開発にすでに成功し、製品化に向けて動き始めてい

図 5-4

る（図 5-4）。

　「栽培見回りロボット」は AI を搭載し、自動でビニールハウス内を1日3回動き回り、高性能センサーでハウス内部のそれぞれのポイントの温度や湿度、照度、二酸化炭素濃度など各種環境データを収集する。また、現場の画像を撮影し生育具合を解析したり、害虫や病気の発生を検知したりもする。これにより、ハウス内のエリアによって異なる温度や湿度などのムラの把握が可能になる。特に四季のある日本においては、その地域によって気候風土が変わるので、その地域の環

境特性にあった閾値の設定が求められる。このロボットの活用により、たとえば、ハウス内の CO_2 濃度がポイントによって 150 ppm もの差があるといったことが発見できたという。同じことを固定型のセンサーを使って行おうとすると 1ha のハウスで 100 個も必要だ。これらをセンサー付きの栽培見回りロボットがハウス内をくまなく走行して各種データを取得し、クラウド環境へ蓄積していくことで最適な閾値の設定などにも貢献をする。

「自律収穫台車ロボット」のユースケースは、収穫作業時に「取った野菜を入れたカゴを台車に乗せて押す」という場面である。超音波センサーで作業者を認識し、その動きに合わせて作業者と一定の距離を保ってくれる。搭載されている重量を絶えずチェックし、一定の重さになったら、自動的に集荷場に向かってくれる。また、収穫した農業生産物を人間と一定の間隔をあけて、付いて来ながら運搬してくれる。これにより、収穫時の労働生産性が 2 倍以上向上、収穫時の 98 ％の軽労化に役立つことがデータで確認できている。この 2 種類ロボットの相乗効果により相当な作業負荷の軽減が可能になるのである。

スポーツの世界では、選手の動作を AI やビッグデータ解析を行い、フォームや体重移動などについて選手の欠点を見出し、最大のポテンシャルを発揮するような改善指導ができるまでになっている。このテクノロジー自体は、充分に農業の分野にも応用が可能である。確かにまだロボットに置き換えることが難しい作業があるのも確かであるが、ロボットが匠の農業者の視線や動作を常に意識し、その補完として自分で判断し、タイムリーに効率的で正確な動きができるようになる時代もすぐそこにきている。

筆者が農林水産省の職員時代に総理官邸にドローンが落ちてから、ドローンを飛ばすのにも規制ができてしまい、許可申請が必要となった。そのため、人口集中地域において一般人が趣味で飛ばすというのはかなり難しくなってしまったが、その中でも比較的飛ばすのが容易なのが農地である。

現時点でドローンが主に使われているシーンとしては、農薬の散布、害虫の駆除、マルチスペクトルカメラを使った撮影によるリモートセンシングなどである。以前は衛星画像などを使って行っていたリモートセンシングも、ドローンが登場したことでより簡易に行えるようになった。マルチスペクトルカメラにて撮影された画像は、AIを使った解析により、圃場内の栄養分のバラつきを把握し、その結果精緻な施肥設計を行い、その場所に応じた肥料をピンポイントで散布できるようにまでなってきている。これにより、肥料代のコストを低減できると同時に、適切な施肥により、農業生産物の品質も向上し（たとえば、二等米が一等米になるなど）、結果的に収益の増加につながるのである。

　ドローンの一番のメリットは、プログラミングにより、人が制御をしなくても自動で飛んでいけるという点である。そのため夜間でも作業ができ、農業生産者の作業効率向上に明らかに役立っている。

　農業の将来像は、ロボットやドローンが圃場や施設の見回り、24時間365日タイムリーに各種センシングを行い、耕耘、播種、除草、肥料散布、農薬散布、収穫など多くの作業がロボットやドローンにより代替が可能になるだろう。さらに、AIの発展により、ロボット同士・ドローン同士が自律的に動作可能になり、人間の感覚値で行っていた様々な作業をも担ってくれるようになる。それと共存して、どうしても人間がしなければならない作業はアシストスーツを着ることで10分の1の力で実施でき、重労働から解放されていることだろう。また、ロボットやドローンがインターネットにつながることによって、タイムリーに各種分析ができるようにもなるのだ。

　将来的には、ロボットによって障害のある方々が農業現場で働きやすくなるという支援にもなるとよい。

　表5-1にドローンを用いたソリューションを開発している企業を示す。

表 5-1

ソリューション開発企業	概要
ドローン・ジャパン株式会社	1. 農業 ICT 事業者：農業栽培・営農支援サービス事業者へのセンシングデータ・解析データの提供。 2. 生産法人向け：発芽状態の把握、生育むら箇所の特定（追肥判断）、生育異常箇所の特定、収穫適期判断。 3. 農協、自治体農政など向け：圃場管理情報、営農指導支援情報、収穫順判断支援、災害調査利用。 4. 食品加工、流通事業者向け：農作地情報、収穫予想（量、質、時期）、災害被害状況。
株式会社アイエスビー東北	2017 年に赤外線カメラを活用した実証実験として稲の葉の表面温度を観察する取り組みが行われた。稲が養分を吸い上げる時に気孔が開き水分と同時に熱を放出する。この放熱から稲の活動量が伺え、赤外線映像により可視化が行える。この活動量を参考に特定個所へ施肥を行うことで資材の散布量抑制に期待がもてる。また昨今問題視されている作物盗難においても、ドローンと赤外線カメラの活用が期待される。試験的に導入した農業生産法人では、オートパイロットでのドローン航行を行い定期的な圃場巡回に活用している。今後は圃場に設置したセンサーと連動し、感知した場所へドローンが偵察に向かうというサービスが開始される。

5.12　遠隔農法

　農業分野における IoT の普及が進むことによる一番の期待は遠隔農法である。北海道を除く、日本の大規模農業生産者の実情は 1 ヘクタールにも満たない小さな農地が点々と分散しており、多くの農業生産者は、農地を見て回るだけで大変な時間を費やしている。昔ながらの農業生産者が大規模になって作られた農業生産組織は、まだまだ企業としての体制が整っておらず、限りなくコンシューマーに近い存在であることを意識する必要があると筆者は考えている。したがって、コンシューマー機器との連携も「スマート農業」普及の一助になると想定できる。

　仕事から帰ってきて、まず冷蔵庫のドアを開けて、ビールで喉を潤しながらテレビの電源を入れるという生活スタイルの農業生産者も少なくないだろう。こうした生活習慣の農業生産者に、ある日を境に、重労働をした帰宅後にすぐにパソコンの電源を入れて、各種情報の入力をしたり、圃場の状況をインターネット経由で監視するといった作業を増やすことが非常に困難であることは容易に想像がつく。そこでコンシューマーに近いことを念頭に、たとえば、テレビ CM のタイミングに、ボタン 1 つの操作でハウスの映像に切り替えられるなどができれば、農業生産者に受け入れやすい仕組みとなるのではないだろうか？

　農作業で大きな作業の 1 つである見回りにおいて、多くの時間を費やすのは、やはり稲作農業生産者の水管理作業（水田へ水を引く水路に付随する水門の開け閉めにより、水田の水の深さを調整する作業）になるだろう。現状においてほとんどの稲作農業生産者は、毎日朝晩の 2 回、自分が管理するすべての水田を巡り、水温や水位の状況に応じて水門を開けたり、閉めたりする作業を繰り返すのである。この見回りの時間を短縮できれば、稲作農業生産者の労働時間を大幅に削減できる。この作業時間の短縮化により、リソースに余裕ができ、今ま

図 5-5

でチャレンジできなかった様々なこと（6次産業化や輸出の検討など）ができたり、マーケット戦略やパッケージデザインなどに時間を割くことが可能になるのである。

　農林水産省によると、稲作労働時間の26％を水管理が占め、最も多くの時間を費やしているとのこと。この課題に着目された富山県滑川市の株式会社笑農和（代表取締役：下村豪徳氏）は、稲作農業生産者向け水位調整サービス「Paditch（パディッチ）」として、IoT水門を開発提供している（図5-5）。水門取水口に設置し、機器がリアルタイムで水温や水位を測り、あらかじめ指定した水位や時間に自動開閉することができるほか、アプリで開閉を遠隔操作できる。また、モグラによる被害などを通知する機能も備える。本サービスの導入により、田植え後の水管理を遠隔地から行うことが可能になるのだ。将来的に

は、こうして蓄積されたデータを、週間・月間天気予報やその他の環境変数に応じてAIが解析し、人間が水門を開けようとする時に「今は開けてはいけない」と警告してくれるようになる。こうしてタイムリーに水管理ができるということは、単なる労力の低減だけではなく、水温等の調整も精緻に行われるため、米の食味ランクにも影響するという。類似商品に、水位をチェックしてその状況をクラウド経由で通達するものはいくつかあるが、水門そのものを遠隔で開閉できるのは筆者が知る限り、この笑農和のサービスだけである。現在は、富山県を中心に、全国展開に向けて日々奔走されている。

　また遠隔農法を次世代体験農園の形として進めておられるのは、宮城県仙台市にある株式会社アイエスビー東北の取締役・岩佐浩氏である。空きビニールハウスを四畳半程度の広さでいくつかのスペースに区切り、そのスペースを普段は都会にいて、土いじりに憧れる会社員や主婦にエリアごとに貸し出し、各種野菜を作っていただくというサービスを展開されている。月額料金の中には、自分たちが普段畑に行けない時の代行作業代金も含まれる。またこの個々のエリアごとにカメラや環境センサーを取り付けることで、自分たちの野菜の生育状況を遠隔で楽しめるという仕掛けだ。このサービスの特徴は定点撮影の映像から画像処理を行いデフォルメされたアイコンが表示されることだ。アイコンにはセンシング情報からの育成状況がフェイスマークで付加され元気度が視覚的に確認できる。また2018年秋から、収穫作物の画像よりおいしさ(甘味、酸味、うま味等)の可視化分析し、おいしさ情報を利用者に提供する。このサービスを利用する遠方の顧客は、播種や収穫など大イベントの時にだけハウスにきて農業体験を楽しむ。もちろんそれだけで帰られることはなく、近隣の観光地や温泉に泊まり地域活性化に貢献していると聞く。

　株式会社テレファーム（愛媛県大洲市）の代表取締役・遠藤忍氏が提供しているのは、CSA（コミュニティ支援型農業）とICTを組み合わせて、リアルとバーチャルが融合した非常に面白いサービスだ。イ

ンターネット上でオンライン貸し農園のオーナーなり、バーチャル農場と実際の農場と連動して、体にも環境にも優しいオーガニックやこだわり農業生産物を自分で選び、遠隔で栽培するサービスである。ゲーム感覚のWEB上では、病気が発生したり、イノシシが農場を荒らしたりするイベントが発生する。これらにしっかりと対処をしなければ最終的に自分の所に送られてくる農業生産物の量が減ったりする。消費者が会員となり、農業生産者は圃場の様子を定期的に写真で報告し、収穫した野菜を会員に届ける。会員が支払う月額利用料が農業生産者の収入になる仕組みだ。これにより今までは収穫した物が売れるまで収入が得られなかった農業生産者も、毎月支払われるサービス利用料により、収穫前でも毎月一定の収入を得ることができるようになるため、安定収入が実現できる。消費者も安心・安全な有機生産物を手に入れるだけでなく、自分で育てる楽しさという付加価値が得られるのである。

5.13　スマート農産物

　地域の直売所などで販売される場面を除き、現在国内で流通しているほとんどの農業生産物は市況により価格が決められ、農業生産者自らが販売価格の設定をすることができない。そのため良い品質の物を作ろうと、個々の農業生産者が、こだわりや努力によって、創意工夫や試行錯誤した作業の工数を計算し、コストとして販売価格に計上することが困難な状況にある。

　これは過去、農業生産者の人件費を把握する手立てがなかったという事象が要因である。農業生産者自らがどの程度の人件費がかかっているかわからないために、市況や流通や外食企業の提示する値段に納得せざるを得ない状況が今に至っても続いているのだ。その結果、価格の設定をすることができず、手塩にかけ、どんなにこだわって作っ

ても最終消費者が購入する値段には大差がないというのが現実である。流通や外食企業が口づてに、匠の農業生産者にたどり着き、その農業生産物の付加価値について納得し、契約栽培となれば多少高く買ってもらえる可能性はあるが、その販売価格が2倍や3倍になるわけではない。

　筆者が「スマート農業」に取り組む農業生産者を訪問した際、農業生産者の主な自慢は、自分の農業生産物がどこでどのように使われているかということであった。たとえば、米の生産者にとっては、「自分の作った米が銘酒の原材料として使われている」といったことである。こういった現時点で目に見えない農業生産者の創意工夫や試行錯誤をどうにかマネタイズできれば、農業生産者のモチベーション向上につながり、新しく農業を職業にしたいという若者がどんどん増えることが予想できる。結果的に農業生産における売上向上に貢献し、今まで「スマート農業」への投資に後ろ向きであった農業生産者の意識の転換につながっていくと思っている。

　筆者は、「スマート農業」の実践によって精緻に管理され、ミス（ヒューマンエラー）やトラブルといった各種リスクが発生しにくい環境で生産された農業生産物を「スマート農産物」（筆者造語）としてブランド化し、販売することができないかという検討を進めている。前述してきたとおり、「スマート農業」の実践によって作られた農業生産物は、作業日誌や農薬、肥料の散布量、さらには個々の農業生産者がいつ、どんな作業を何時間したか、その時作物にどんな変化が生まれたのかが、クラウド環境にある蓄積された情報から瞬時に得ることができる。これが安心・安全の担保となり、高付加価値を付けても売れるようになると想定ができる。

　こうして「スマート農業」の実践により、こだわって作った農業生産物が高付加価値となり、さらには販路の拡大、物流の効率化などにも貢献することは容易に想像できる。農業生産者も効率化だけでないメリットの存在により、あらゆる場面においてICTの導入に前向きに

なると筆者は想定している。これが農業におけるイノベーションの源泉になることは、間違いないだろう。

6. 次世代農業を担う人材育成

　現在、農業を営むにあたり、医師や弁護士と同じような国家資格は存在しない。したがって、農業高等学校を卒業して親の農業を継ぐもの、大学の農学部にて生育に関する専門的な知識を得るもの、社会人をしながら休日に農業を学びその後、農業の世界に入ってくるもの、大手の企業が新規産業の1つとして農業に参入し、その従業員として農業に携わるものなど、バックボーンは多種多様である。この多様性がICTソリューションを開発する企業においては、高いハードルの1つとなっている。ある1人の農業生産者向けに作ったソリューションは、別の農業者にはまったく当てはまらないということが多々発生してしまうからである。このように、農業生産者が100人いれば100通りの農業が行われているのが、現状である。

　農業は、「自分の好きなタイミングでできる職業」として、企業に勤める会社員などが、憧れとして語られることが多い。そのため、農業法人の門を叩く若者の中には、他の職業に就いてみたがその職業に向かなかった人材が「農業ならば自分にもやれるだろう」という感覚で入ってくるシーンが多い。しかしながら、ビジネス農業はそう甘くないというのが実情だ。どんなに炎天下でも大雨であってもよほどのことがなければ顧客との約束が一番の重要事項であり、決められた期日に決められた量の納品をなにがなんでも守るため、夜中に車のヘッドライトを頼りにして収穫を行うなんてことは多々ある。結果的に、ゆったりとした職業のイメージと現実の乖離を知った若者達はあっという間に辞めていってしまうのである。

　農業生産者が高品質な農業生産物を生産するためには、環境、種苗、生育、在庫、市況、人材、農機など、全方位のあらゆる感性やスキルが求められ、多くの知識と経験が必要とされる。その状況にもか

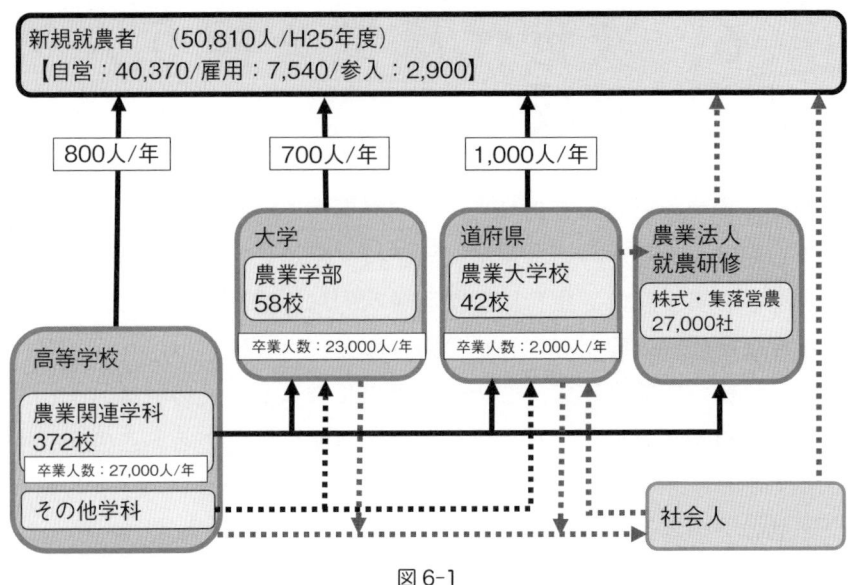

図 6-1

かわらず、日本における農業という職業のプレゼンスが低すぎると筆者は感じている。農業は体力だけでなく知力も重要であり、様々なことを代表者1人で判断しなければならないことが多い。

図 6-1 を参照していただくとわかるとおり、農業高等学校や大学の農学部、農業大学校を卒業しても、多くの卒業生は、食品関連企業などの企業に勤めてしまう。新卒時、就業先として「農業」を選択する若者はごくわずかである。これは前述しているとおり、「農業」が創意工夫や試行錯誤に対しての対価が認められ難く、「努力が報われない」職業と思われがちであることが、農業という職業のプレゼンスを大きく下げている原因であると、筆者は分析している。

そのためにも、IoT や AI といった最先端技術を駆使し、PDCA を繰り返し、さらにはそれを明文化し、最小リスクとなる次の一手を判断できる次世代の農業生産者(スマートファーマー)の存在が必要になってきているのである。

多くの農業生産者は、ICT を導入することですぐに自分の農業が楽

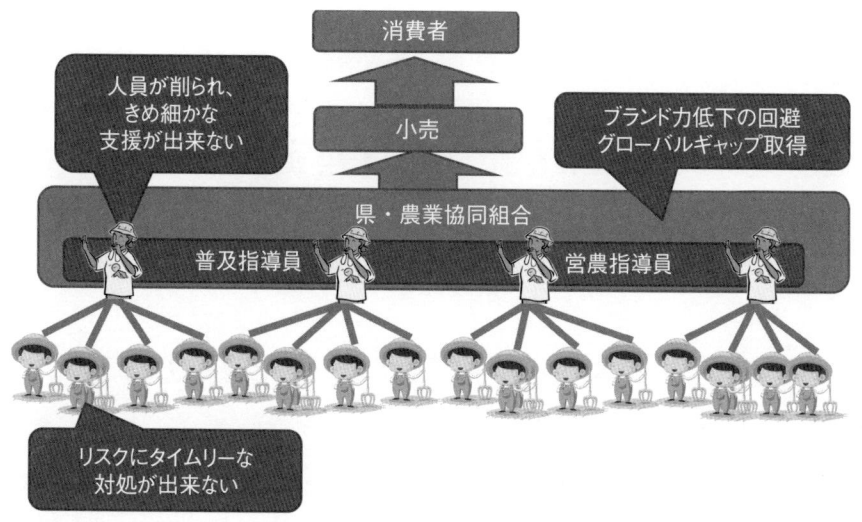

図 6-2

になり、収入が増えると考えられている。これは AI についても同じ感覚で捉えられており、データを蓄積さえすれば自動的になんらかの相関を得られるのではないかと思われている節がある。しかしながら、組織としての経営に関するビジョンがないのに、単にセンサーを導入したり、生産管理のソリューションを導入してもお金や時間、さらには蓄積したデータも無駄になってしまうと筆者は感じている。

　次世代の農業を担うのは「スマート農業」ではなく、蓄積したデータを意味付け、有効活用できる次世代農業生産者（スマートファーマー）がいてはじめて成り立つのである。しかしながら、農業高校や農業大学校、大学の農学部では、生産技術を重視した学問を中心としているため、卒業して農業を始めても経営者としての知識やスキルがなく、成果を上げるために多くの障壁にぶつかることになる。

　1 章で述べたように、日本の農業生産物を「安心・安全で高品質である」とイメージ付けているのは、日本人の気質が真面目できめ細やかであるということが主な理由である。したがって、農業生産者個々

の創意工夫や試行錯誤をデータにして残すことで、コストを明確化し、さらにはスキルも明文化し、世界中に日本の農業生産者がどれだけ素晴らしいかを明らかにしていく必要がある。農業生産者の世界大会などを行うことができれば、日本の農業生産者、日本の農業生産物がいかに素晴らしいかアピールできるであろう。

6.1 "かっこよく""感動があり""稼げる"「新3K農業」の実現

　昔から農業は、「きつい、汚い、危険」の3Kと呼ばれ、重労働で割の悪い仕事の代表のように語り継がれ、敬遠される職業の1つである。そのため、大学生が選択する職業としてなかなか候補に挙がらないのが実情であった。農業に従事されている御両親も「息子には自分と同じ苦労を味合わせたくない、農業を継がせたくない」などと、おっしゃる人もいる。その結果、血の滲むような努力をして子供達を大学に行かせ、ホワイトカラーの仕事に就かせたいという傾向は強い。このように農業従事者さえも子供に継がせたくないと思う職業になってしまったのである。

　しかしながら、このまま新規に農業の世界に入ってきてくれる人が減り、さらに高齢化が進むことで、農業生産者がさらに減ってしまったらどうなるだろうか？　人間のエネルギー源となる食料に困るということは、食・農に限らないすべての産業に影響が出てくるのである。このように、農業は国家としても非常に重要な職業であるにもかかわらず、儲からない仕事としてレッテルを貼られ続けるのはおかしいのではないか？

　先に登場した、筆者が農業研修を行った宮崎県の都城市の新福青果では、「スマート農業」をいち早く利活用した農業生産者として多くメディアに取り上げられている。

その結果、日本全国から若者が就農希望してくると聞いた。若者達はただの農業には興味はないが「スマート農業」には感心を示してくれているのがこの事象でわかる。このスマート農業を活用することで間違いなく農業はかっこよいものになるのである。また「稼げる」の部分においても、作業を見える化し、ミスを減らし、環境や植物に適した時期に適した作業をすることで無駄を減らし、総収穫量も増やすことができる。結果的に稼げるのだ。

　"かっこよくて"、"稼げて"、"感動のある"「新3K農業」を実現することで初めての人が農業に取り組みやすくするとともに、農業雇用の創出にも貢献するのである。

6.2　農業生産者のキャリア形成

　メディアや世論では、「農業は儲からないからなり手がいない」と固定観念化されてしまっている。しかしながら、世の中には農業以外の職業において、低賃金でも目を輝かせて働いている若者は多く存在している。そのため、「儲からないからなり手がいない」というその判断は、必ずしも正しくない。農業を職業の選択肢として第一に考えてもらえない理由は、「儲からない」からではなく、試行錯誤や創意工夫をしても、それが付加価値として認められず、市況に左右されるために売価にも計上ができないことである。要するに「努力が報われない」という理由からだ。

　国策も、熟慮すればもっと前向きな対処方法があったと思われるが、すべての農業生産者を平等に扱うということを重視した短絡的な判断により減反といった施策がとられ、先行していた農業生産者のモチベーションダウンを招く結果を生んだのである。田舎の票の多くが農業生産者であった地域は、その時々の政治家の票稼ぎのために、未来を意識しない場当たり的な対策を打ち出され、結果的に農業生産者

の首を絞める結果になってきてしまったのである。

　長年農業生産を行っている方々にとっては、もらえる補助金はしっかりもらうが、猫の目のように変わる農林水産省の政策や施策には、心の中では何も期待していないといったところが本音であろう。農林水産省の職員と話したことのある農業生産者も少なく、「お上のすることであり、自分には関係ない」と現時点でも思われているのが残念でならない。

　この長い年月の積み重ねの結果、様々な試行錯誤や創意工夫をして素晴らしい農業生産物を作っても、日々のルーティーンの作業でそれなりに作られた農業生産物と評価（キロ当たり単価など）に大きな差がないので、努力するのがバカらしくなってしまうのである。これは筆者が農業者でも同じ心境になるだろう。農業生産者のモチベーション向上に不可欠なのは、自身のスキルが明確化され、日々の創意工夫や思考錯誤といった努力によりスキルの向上が目に見えて把握できることである。しかしながら、市況によって収入が決まってしまう農業の場面ではそれが困難なのである。

　その反面、実力主義が当たり前になっている他の業種であれば、若者が入ってきて、優秀な人材であれば、数年でメキメキと力をつけ上司や先輩を追い抜き、幹部としてキャリアを形成していくが、これが農業界にはなく、「良いものを作っていればいつか人目につくに違いない」という奇跡を信じて待っている方々がほとんどである。これは、宝くじや競馬で万馬券を当てる、いわばギャンブルと大差ないのである。

　この状況を打開し、農業においても若者が入ってきて、既成概念を大きく変える成功事例が増えてくれば、そのドリームストーリーを我も我もとこぞって農業に参画してくれる人が増えると筆者は考えている。5章で紹介した株式会社 GRA の岩佐大輝さんが作る「ミガキイチゴ」は、まさにその事例の1つに成り得ているのではないだろうか。

6.3 「スマートファーマー」の育成

　農業高等学校や大学の農学部、農業大学校では、農業生産物の生産にかかわることや農学の専門的な知識は学んでも、経営に関するカリキュラムは充分とはいえない状況にある。その結果、いざ就農してみると、多くのことを学ばなければならない必要性を知り、困窮してしまうのである。その中でも農業大学校は、比較的就農を意識した方が通っているとはいえ、実際のカリキュラムは従来型の農業に就くことを前提に進められており、大規模が進み従業員を雇うような農業など、様々な社会情勢を反映した教えになっていないのが実情である。

　今後、農業生産者の大幅減により大規模化が進む農業経営組織には、生産技術だけではなく、経営やマーケティング、その他起業に必要なスキルとICTおよび各種データ分析といったスキルも身につけた次世代の農業生産者（スマートファーマー）が必要とされている。

　このスマートファーマーは、"かっこよく""感動があり""稼げる"「新3K農業」の実現者であり、以下に書きだした条件も含めた、八面六臂に農業現場で起こりうる様々なリスクを最低限に抑え、最大限の収益を得ることができるスーパー農業生産者のことを示している。

① 気候や土壌や作物の状態と市況を意識するだけではなく、顧客との契約納期を必ず守る。
② 病気や害虫の発生のリスクにもいち早く対応し、歩留まりの向上、生産ロスを減らす努力をしている。
③ センサーなどから蓄積された様々なデータを分析し、自身ならではの生産方法を裏付け、生育手法の明文化（マニュアル）を作ることで、各種リスクを回避した採算性の良い農業を実現している。
④ コスト意識を常にもち、生産期間中に積み上がるコストを日々管理し、なんらかのミスや事故によりコストが跳ね上がることがあってもスピーディーにリカバリーを行い、リスクを最低限

に抑えることができる。
⑤ 多くの従業員を雇うことにより、地方で雇用を生んで地域活性化・地方創生に貢献している。心身に障害を抱えている方も多く採用し、ロボットなどを活用することで健常者と同じ以上の作業効率で仕事ができる職場を作りあげる努力をしている。
⑥ 地域で取れた農業生産物は、その地域でなるべく消費できるような工夫をし、それと並行して、遠方からの観光客を呼び込むような工夫をしている。
⑦ 未来の日本の人々のことも考え、最大限環境に配慮した農業を実施している。

6.4　アグリデータサイエンティストの育成

　地方行政機関には普及指導員、農業協同組合には営農指導員という、農業生産者に一番近いところで技術等の指導・支援をしている人材がいる。しかし、近年、これら指導員の人数が大幅に削減されているために、担当する農業生産者の数は増加している。地域によっては、1人で200軒以上の生産者を担当しているエリアもあるとのことだ。そのため農業生産者が電話などで支援を要請しても、タイムリーに対応ができず、対応までに1週間の時間を要するといった事象を耳にすることもある。その結果、対応が遅れて致命傷となり、農業生産物に多大なる影響が出てしまい、さらには地域全体のブランド価値を大きく下げる結果につながり、地域全体で大打撃を受けてしまうという負のスパイラルが発生しているという。この農業者への支援が儘ならない状況は、普及指導員や営農指導員の精神的、肉体的負担にもなっており、双方に悪影響が出始めている。
　こうした問題の解決策として、農業生産者が相談をするタイミングで都度、画像（動画、静止画）と作物の生育データ、各種センサーに

て取得した環境データや過去の栽培記録などをクラウド環境にアップロードすることで、普及指導員や営農指導員はそのデータをタブレットなどにて閲覧し、遠隔で収穫時期や適正な施肥量などの営農技術情報を農業者に提供・指導する仕組みができ始めているのである。

これにより、普及指導員や営農指導員の方の移動作業時間を大幅に削減することができただけでなく、より多くの生産者に時間を配分できるようになり、またデータに基づいた客観的な指導をすることが可能となった。

このように、営農技術だけではなく、データ分析にも精通した普及指導員・営農指導員の中の一部の人材を「アグリデータサイエンティスト」(筆者造語:生育データ・環境データ・クオリティデータ・市況データなどを統合的に分析し、営農に関するアドバイスができる人材)として育成し、複数のデータをその地域の指導員ならではの観点で分析することで、その地域ならではのノウハウの形式知化・共有化を実現させる。

こうして、生産方法・クオリティ・コストをデータベースに蓄積し、精緻にコントロールすることで、地域や企業のブランドを生成・維持し、結果的に個々の農業生産者の事業継続・継承につながる。そのため、農業現場では、早期にアグリデータサイエンティストを養成することが求められているのである。

6.5 「スマートアグリエバンジェリスト」の育成

ICT企業が一次産業以外の顧客と会話をする場合、自社のサービス内容にもICTにも詳しい「情報システム部門」を交えて要件定義を確立して、予算等から最適なソリューションを作りあげていくというのが通常になってきている。しかしながら、農業の分野においては、こ

の「情報システム部門」がほとんどの組織において存在しない。

　前述したとおり、筆者が宮崎の農業生産法人新福青果にて農業研修をするに至ったのは、2008年当初「営農において必要なICTはなんでしょうか？」と質問してみても、ICTの専門知識がない農業生産者から適格な答えは得られないと感じ、自分が農業を学ぶことでそれを模索するためである。

　それから10年、多くのICT企業が「スマート農業」の分野に参画し、多くの時間と労力をかけて農業とICTの間をつないできた。その結果、まだまだ少数ではあるが農業のことがわかるICT企業の人間が育成されてきている。筆者はこの農業とICTの間を取りもつ通訳者、もしくはコーディネーターを「スマートアグリエバンジェリスト」（筆者造語）と呼称している。

　なお、この「スマートアグリエバンジェリスト」はまだまだ万能（網羅的に支援できるわけ）ではない。それぞれに得意不得意もあるし、日本全国の複雑な気候条件や「100農業生産者がいればやり方は100通り」の農業生産者を相手にしているためだ。それを埋めるために日本農業情報システム協会（通称、JAISA）では、各県に相談窓口担当企業を設定し、会員企業の所在地や思い入れのある県において、地場の企業がファーストインプレッションのヒアリングをしてもらうように組織化している。

　また、相談相手である農業者からの要望に「スマートアグリエバンジェリスト」として、自社が応えられそうにない場合は、協会内のその案件を得意とする別の企業に紹介するという仕込みを構築した（相互代理店方式と命名）。こうすることで、その地域に根差した情報に精通した地域のスマート農業アドバイザーとして、頼れる存在に「スマートアグリエバンジェリスト」が成りえると期待している。

7. フードバリューチェーン外でのニーズ

　農業生産者は、食や農業に関係するバリューチェーン（フードバリューチェーン）の中の関係者だけに限らず、その外にいる農業機械メーカーや資材メーカー、さらには銀行などの金融機関など、様々な企業と情報をやりとりすることも多い。しかし、ここでも情報のやりとりを電話やファックスなどで行うことが多いため、情報の蓄積・共有につながっていない。

　本章では、「スマート農業」の実践によって、農業生産者とフードバリューチェーンの外にいるステークホルダーとの関係でもメリットが出る事例を紹介する。

7.1　金融、保険業でのICT活用 （アグリテック×フィンテック）

　まずは、農業生産者と金融・保険業との関係において役立つ事例を紹介しよう。

　近年、金融業界は農業以外の産業における、有望な企業への融資が激戦となっているため、新たな融資先として農業生産者をターゲットにし始めている。農業生産者は、新規就農、規模拡大、設備投資、6次産業化、農商工連携などの時点で融資を検討するが、過去数年間の投資額や収入額などを、作物ごと、品種ごと、圃場ごとなど、細かく管理することが困難であるために、融資に必要な3ヵ年、5ヵ年の事業計画の策定に非常に苦慮している。したがって、金融機関は「融資をしたい」、農業生産者は「融資をして欲しい」、双方のニーズは合致しているにもかかわらず、融資審査の判断の結果、融資が成立しない

事例が多いようだ。

　そこで、金融機関としては、ICTを導入し、過去の設備投資、収穫量、収益などを精緻にデータで明確に記載しており、今後の事業計画を精度高く生成できる農業生産者を融資のターゲットにしたいと考え始めている。つまり、「スマート農業」を実践していること自体は融資判断の担保にはならないが、ICTを導入して、確実な営農をしていることが融資判断時の重要な材料になる事例が増えてくると見込んでいる。また保険業についても同様である。自然災害時等の保険による災害補填の場面で、現状では被害にあった農業生産者が明確な被害額を示せないことからスムーズに処理が進まず保険金の支払いまでに時間がかかり、結果的に事業再建に間に合わずに、離農につながるという事例が想定できる。

　以前、宮崎県で新燃岳が噴火し、筆者が農業現場の実情を知るために研修に入っていた農業生産法人有限会社新福青果が管理する多くの圃場にも火山灰が降り注ぐという事象が発生した。そこで新福青果の新福秀秋社長（当時）は、従業員に「災害によって発生した追加作業や仕方なく破棄することになった野菜の被害額をすべて計上するように」と指示し、圃場やハウスに積もった灰の除去作業にかかった人件費、また灰の洗浄のため外側の葉（鬼葉と表現される）をはぐことによって青果としてではなく加工用キャベツになってしまったことによる販売価格の低下などすべてを精緻に算出した。その結果、共済金請求も容易に行うことができた。

　このような姿勢が、農業生産者としての評価にも直結していくのである。普段から「スマート農業」を実践している農業生産者であれば、災害で発生した作物の被害額（廃棄、価格の下落など）はもとより、各種のリカバリーにかかった人件費や資材費など明確な根拠のある数値を即座に示すことができ、早期に災害保険による補填によって、事業を継続していけるのである。

7.2　種苗メーカー

　種苗メーカーとの新たな関係性についても考えてみよう。

　通常、農業生産者は、種苗メーカーが制作したカタログなどを用いて、播種する品種の選定を行う。農業生産者であれば、もちろん見たことがあるだろう種苗メーカーが発行しているカタログであるが、それ以外の人は、ほとんど見ることはないだろう。農業生産者が見るためのカタログであるので、そこに書かれている宣伝の文言も「早生や晩生」「暑さに強い」「寒さに強い」「害虫に強い」といったことが書かれ、味に関することは非常に少ない。また自分の畑の環境における最適性については、農業生産者の判断に委ねられる。多かれ少なかれ種苗メーカーによるアドバイスもあるだろうが、自社の種を使ってもらいたいという意向はどうしてもぬぐえないため、最良なアドバイスであるかという点では疑問が残る。

　種苗メーカーでは、自社の研究や圃場で試行錯誤を繰り返し、糖度を高めたり、高温や低温に強くしたり、多収穫量化といった新品種の開発に到達する。しかし、いざ販売するといったシーンにおいて、可変する実験室の環境ではその品種の特性が把握できたとしても、その新品種を生産するにあたって日本全国のどこの地域で作るのが一番良いクオリティのものが作られるのかといったことまでの把握はできていない。ここまで把握するには、非常に多くの時間やコストが発生するからである。また種子として購入されていき、農業生産者の元で生産している各種データについても現状は種苗メーカーにフィードバックされていないというのが実情である。もし販売後にその新品種の発芽率や生育状況および収穫量などが地域ごと、農業生産者ごと、圃場ごとに種苗メーカーにフィードバックされる仕組みがあれば、今後の新品種研究に役立つのではないだろうか。

　昨今、農業生産物の新品種の開発場面において、バイオテクノロジーのさらなる進化により、遺伝子組み換えの次の一手としてゲノム

編集がクローズアップされてきている。モンサントに代表されるグローバルな種子企業は、積極的にゲノム編集研究に取り組んでいる。将来的に、今までは栽培が困難なエリアとされてきた砂漠や南極・北極、船上、宇宙空間などでも生育可能な新品種の開発が進む可能性がある。

こういった場面においても日本のテクノロジーが大いに活躍できると筆者は考えており、世界的な人口増加による食料不足対策に貢献し、ジャパンブランド種苗が世界の種苗のシェアを塗り替えていけると望ましい。日本国内では人口減を危惧した施策が多く検討されているが、他の先進国の企業は、世界人口増をビューポイントとして新事業開拓に勤しんでいる。

7.3　農業機械メーカーでは

次に、農業機械メーカーとの新たな関係性についても考えてみよう。

農業を従事するにあたり、労働力と同じくらい必須なものに農業機械がある。農業生産者は、収農のタイミングで借金をして購入に踏み切るわけだが、一般の人が考えているより農業機械は高額である。就農当初は資金繰りが厳しく、中古などを購入して始めるのが通常であろう。この農業機械を購入するための多額のローン返済を一生かけて行うといった状況が少なくない。

この高額な費用をかけて購入するトラクターやコンバインといった農業機械は、ほとんどの農業生産者が「一家に1台」所有している。しかし、1年を通して使うものではないため、1つの農業生産者に必ずしも1台必要なものではない。特に水稲生産におけるコンバインなどは、おそらく1年で2、3週間、長くとも1ヵ月程度しか稼働しない。一部の超大規模農業生産者を除き、農業協同組合、集落営農、大規模農業法人などの単位で購入し、それを複数の農業生産者でシェア

できれば単純に生産コスト低減につながるのは間違いない。

　現状のように個人所有をしているとメンテナンスを怠る事例が多く、故障するまで使い続ける傾向が否めない。その結果、手遅れになったタイミングでアラームをあげるので、膨大なメンテナンス費用の発生や長期の修理期間を要し、本来使いたいタイミングで作業ができないことによる機会損失につながってしまっている。農業の場合、時期や環境、農業生産物の生育状況によって、適切なタイミングで作業を行わなければ、命取りもしくは無意味になってしまうことも少なくない。こういったリスクの回避のためにも、農業機械は常にいつ使っても最高のパフォーマンスで使えるように整備をしておかなければならない。

　有機農法と慣行農法をともに実施している農業生産者では、農機も有機圃場専用のものを別に所有するなど、細心の注意を払っている。有機農業専用農機などを使いたいタイミングでリースやレンタルが可能になればこちらもコストの抑制につながる。

　今まで、農業機械は売り切りが通常の姿であったために、販売企業も乗用車と同じ感覚で顧客の欲しい機能をそのまま提供し、少しでもグレードやオプションを付けて高額にしたいという傾向が否めなかった。しかしながら昨今、一部の農業機械メーカーにおいては、今までの売り切りビジネスに危機感を感じ始めている企業も出てきており、「農業機械シェアリング」を検討し始めるところも出てきている。地域で効率的な利用をICTソリューション（GPS等含め）により適切に管理できれば、「一家に1台」所有する必要がなくなるのである（図7-1）。

　また、稼働状況をリアルタイムに把握し、適切な時期にメンテナンスの案内をすることにより、農業機械のメンテナンス費用を大幅に削減するといったサービスが生まれるのは目前まできている。ICTで運行を精緻に制御し、それぞれの農業機械の状態や走行時間などによるメンテナンス時期のリコメンドを行うことで、多額の修理代の発生を

スマート農業のすすめ〜次世代農業人（スマートファーマー）の心得〜

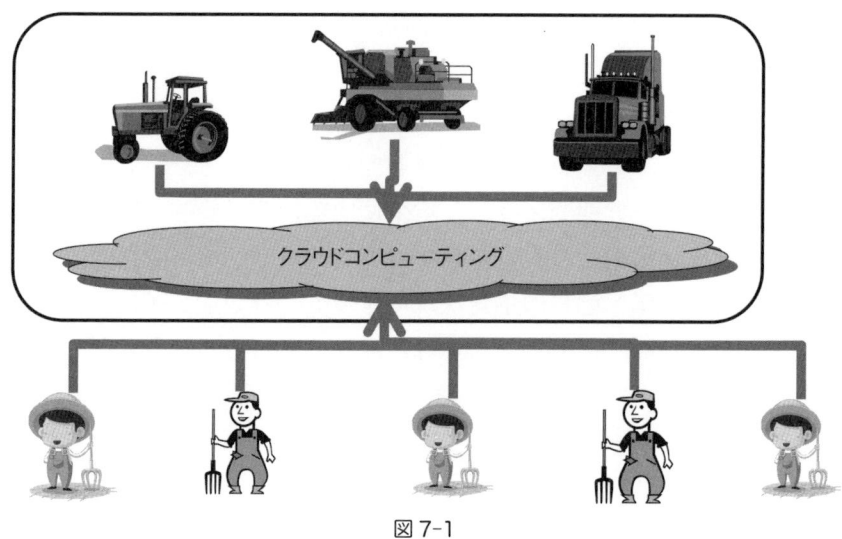

図 7-1

防ぐことができるのである。

　また、農業は全産業の中で就業者 10 万人当たりの死亡者数が一番多いことでも知られている。これは農業生産者の高齢化、慣れからくる作業上の不注意、さらには最新テクノロジーの搭載の遅れなどからくると考えられる。ICT や AI、さらにはロボットなどをフル活用することで、悲惨な事故をゼロにしなければならない。死亡事故のほとんどが農業機械を扱っている時に発生している。自動車の世界では様々な技術が安全の担保にプライオリティが置かれて研究開発され、エアバックなどが標準搭載されてきた。しかしながら、農業機械は、馬力を高めるなどの作業効率向上の方にプライオリティが置かれて進化をしてきた。これは農業機械メーカーが、安全装備を搭載することによるコスト増加により、農業生産者が購入できないものになってしまうことを恐れ、これら安全機能の搭載を積極的に検討してこなかったためである。

　昨今では、準天頂衛星（みちびき）や GPS を活用した位置把握などにより、自動車の自動運転と並んで、誤差数センチで自動運転を行え

る農業機械の開発が進められている。

　しかしながら、現時点においては、自動運転時にもしも畑に子供が立ち入り（そのシーンがほとんど思い浮かばないが）、人身事故につながった場合の責任の所在がまだグレーなところもあり、倫理的な判断により、運転席には人が乗る、もしくは、自動運転中も人間が監視するという運用になっている。自動運転の主な期待は、夜間での自動作業等による作業効率の大幅な改善であるが、人間が乗らない状態でも、完全に安全な自動運転が実現されれば、農業現場での死亡事故の大幅な削減にも貢献するのは間違いない。

7.4　農地バンク（農地中間管理機構）では

　2014年度、政府の方針で急遽「信頼できる農地の中間的受け皿」として全都道府県に設置された「農地中間管理機構」の整備により、多くの人が平等に農地の利活用ができるように動き始めている。ここでは、農地管理の組織である農地中間管理機構や農業委員会にICTを導入することで、異業種参入や新規就農者に大きなメリットをもたらす可能性についても触れておきたい。

　異業種の農業参入が急激に増加したのは、2009年の農地法の改正によるところが大きい。しかし、現時点における農地台帳には、土地の所在地、所有者、面積、場所の情報に加え、誰に貸しているかという情報程度しか記載されていないのが実情である。要するに、現状の農地情報には、農薬や肥料の散布履歴、作付履歴などの情報が欠如しているのである。本来ならば、過去その土地がどんな経緯を経てきているのかすべての情報が揃っていて欲しいところではあるが、現状ではそうなっていない。したがって、同地域の同面積・同条件・同じ地主の農地であれば、作付履歴や作業履歴、その土地の特性に関係なく、ほぼ同じ価格で売買や賃借が行われているのである。この結果、

図 7-2

「連作障害を回避できる土地を探したい」といった要望への対応も現状では困難なのである。

　過去にその圃場で育てられた作物や、作業日誌アプリなどにより蓄積された生産履歴情報と農地中間管理機構の台帳をマッチングさせることにより、多くの価値を今後生み出すことが想定できる。これまでは、土地の条件の良し悪しによって農地の売買や貸借の価格に差をつけることはできなかったが、土質、水はけ、散布された肥料や農薬の散布履歴、さらには病害の発生状況のデータなどが記載された圃場カルテ（筆者造語）の実現により、新規に農地を求めて購入したり、借りたりする際に作付けを予定している農業生産物に最適な農地をマッチング（斡旋）することが可能になる（**図 7-2**）。その結果、良い土地は高く、そうではない土地は安く取り引きすることができる。またさらに、GIS（土地情報システム）と連携することで、地図を眺めながら、自分の求める最適な農地にたどり着くことが可能になる。それら情報があることにより、初年度から比較的成功しやすい環境での農業を開始することが可能になり、「一か八か」の農業からの脱却につながる。また、現在自分が借りている農地での生産歩留まりが悪いといったシーンでは、その農地を返却し、条件の良い農地に借り換えることで収穫量を増やすといったことの判断も可能になるだろう。

これにより、現時点では不可能な、たとえば、有機農法をしたい新規就農者が農地中間管理機構に出向き、有機農業に適した圃場を探すということが可能になるのである。新規参入する農業生産者には、今空いている農地の中で一番悪い所を与え、そこで数年頑張れたら条件の良い土地を与えるといったブラックな習慣のある地域があるらしいが、圃場カルテによって、農地をある判断基準にて評価しランク付けすることによって、目的にあったより良い土地の選定ができるようになるのである。今後、農地中間管理機構の運営により、土地の詳細な情報を付加して扱えるよう検討が進むことを期待する。

　将来的には、規制の面においても様々な緩和がさらに進んでいくと予測される。これにより、農地の貸し借りや交換、異業種の農業参入がしやすくなるだろう。耕作放棄地については持ち主が有効利活用に積極的に取り組まない場合は、固定資産税などの率を上げていくなどの施策も検討されている。

8. 次世代食・農情報流通基盤（プラットフォーム）【Nober】構築

　昨今、メディアで頻繁に取り上げられる「スマート農業」の多くは、生産過程におけるICT化事例であるが、フードバリューチェーン（サプライ・チェーン・マネジメント）全体で考えることで、「農林水産業」の枠から大きく飛び出し、多様なビジネスモデルの創造が想定できる。

　たとえば、トレーサビリティのICT化は急務と考えられているが、現段階ではICT化によって農業生産者と消費者をどう結び付けるかという議論が多く、「農薬使用履歴表示」や「消費者のニーズ把握」といった限られたアイデアになりがちで、今までにない新たなメリット（イノベーション）につながる未来について十分な検討がなされていない。そのため、食・農業に関するプレイヤーがそれぞれの立場で閲覧・利用できる仕組みは、今のところ存在していない。

　現在、大手流通・小売と取り引きしている農業生産者は、システム上で日々の作業の記録（主に農薬・肥料の散布履歴）の入力を義務付けられてはいるが、現システムは大手流通・小売サイドのトレーサビリティを意識したものであり、蓄積されたデータを農業生産者が後に利活用することによるメリットまで想定された仕組みにはなっていない。今後は、農業生産者サイドと大手流通・小売サイドだけでなく、グローバルでフードバリューチェーン全体のステークホルダーが個々に役立つ情報が得られるプラットフォーム形成が求められてくるだろう。

　なぜこのような一元化されたプラットフォームが現段階で確立されていないのかという原因の1つに、農業生産者の誰でも使える仕組みを作るのが困難であるという問題が想定される。そこで、2014年から市場のニーズ情報と生産物の作付け・生育状況などの情報をつない

で一元的に管理し、農業生産者と消費者の双方のニーズを適切に「品種」レベルで整理することで、品種の特性を識別可能にする取り組みが始まった。つまり、マッチングすることにより、農業と食の分野でイノベーションを起こし、食・農に関する情報格差や各種課題解決するオープンなプラットフォームの構築を目指すのである。このような活動は、農業ICT、ICTビジネス、データ活用、農業等の専門家で構成したスマートプラットフォーム・フォーラム（主催：NPO法人ブロードバンド・アソシエーション）のデジタルコンテンツ・データ分科会にて開始された。

同活動を通じて「農業×オープンデータ」をテーマとし、各種データを活用してコーディング（プログラミング）することにより、次世代食・農情報流通基盤（プラットフォーム）【Nober（農場）】（以下、Nober）のプロトタイプを完成させた（図8-1）。

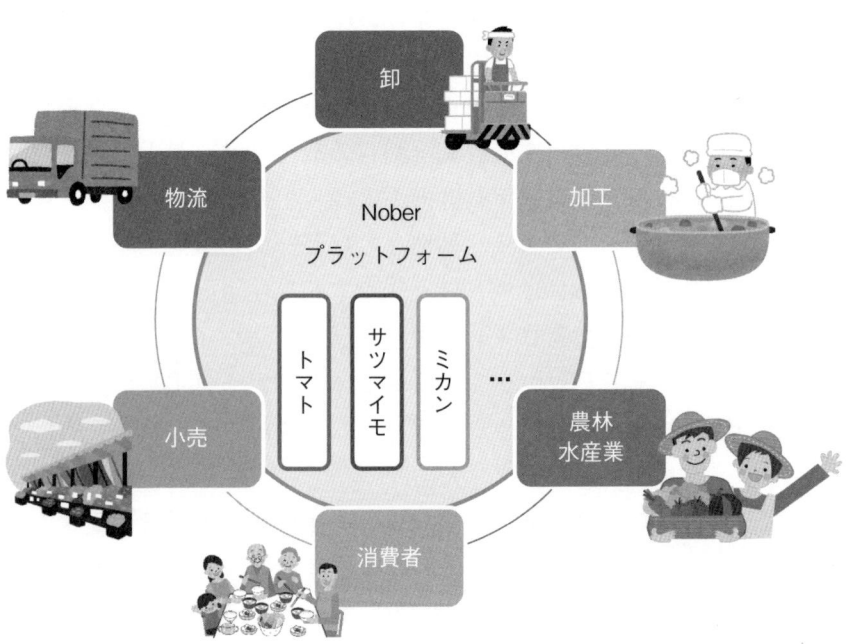

図8-1

さて、Uber に代表されるシェアリングエコノミーのサービスには、これまでタクシーではなかったものもタクシーとして扱うなど、対象物やサービスを従来よりも細かく区別・識別し、その細かい特徴を把握・シェアし、マッチングするという以下に挙げる 4 点が存在している。

1．識別：定義を広げより細かく区別する
2．把握、シェア：状況を把握し情報をシェアする
3．マッチ：多様なニーズに対しマッチングする
4．評価：双方向で評価しあう

したがって品種名を活用することで、自治体・農協における農業生産者と消費者の双方の思いを高い精度でマッチング可能にするデータベースやソリューションを実現させるため、農業版 Uber＝「Nober」と名付けたのである。

この Nober の取り組みは、Linked Open Data Challenge 2014（LOD チャレンジ：主催「LOD チャレンジ実行委員会」）にて、アイデア部門における優秀賞受賞。Linked Open Data Challenge 2015（LOD チャレンジ）では LOD 推進賞を受賞した。2016 年度は、RESAS アプリコンテストにてソフトバンクテクノロジー賞を受賞。そして 2017 年度は、大地の力コンペにて未来農業シーズ賞をいただいた。この各賞の受賞は、各種メディア等で取り上げられ WEB 等にも掲載された。それにより、自由民主党農林部会長（当時）である小泉進次郎衆院議員や内閣府規制改革推進室と意見交換をさせていただく機会を得た。

本章では、Nober の必要性と食・農業関連のすべてのプレイヤーメリットについてそれぞれ述べてみたい。

8.1 Nober の想定機能

　Nober の想定機能は、農業生産物の情報を「品種」レベルで識別・区別し特性を識別可能な状態にすることで、農業生産者が「どのように育てているか」「どのような料理に合うか」「どのような効果があるか」などの情報を付加し、さらに「農業ビッグデータ」の AI による解析などにより詳細で有益なデータベースに発展していくという仕組みである。

　消費者はこのデータベースを活用することにより、より細かいレベルで農業生産物の選択が可能になり、消費を楽しむと同時に生まれた新たなニーズや付加価値を消費者から農業生産者へ情報を直接フィードバックすることも可能となる。また、外食産業が流通段階でこのデータベースを利用することも可能だ。Nober が提供する食材の農業生産者情報・生産履歴情報を活用し、品種情報などと組み合わせて、自分の店のその日のメニューに合う最適な野菜の食材が何であり、どこからどの品種を仕入れるかという判断も容易となり、購入もできる。

　具体的に提供できるメリットをまとめると、下記のとおりとなる。

(1) 農業生産者メリット

- 消費者がどのように消費しているかなどの情報が見えることによるマーケット拡大（ブランド力向上）
- 販売機会の新規発見による収入増
- 消費者評価によるやりがいの向上

(2) 流通・外食産業のメリット

- 多様な品種が楽しまれることによる、少量・多品種・多方面流通ネットワークの変革
- 農業生産物の特徴や、消費者が求める情報に対応した付加価値サービスの増加

- フードバリューチェーンの確立

(3) 消費者のメリット
- 各自が気になる情報を入手できるようになることによる、安心・安全の向上
- 料理や季節などに応じた適切な食材・ブランド食材の選択が可能
- レシピの増加・多様化による食の楽しみの増加や健康の増進

　以上のように、Noberは農業生産者や消費者、そして外食産業にもメリットがあり、食・農業に関するすべてのステークホルダーをつなぐプラットフォームである（図8-2）。
　さらに、マッチングシステムをクックパッドなどのレシピサイトと連携し、食材情報だけでなく、品種に関する詳細な情報や、それを売っている店の情報を付加することで、より詳しい情報を知りたい消費者の利便性の向上や、レシピサイトへのアクセス増加も可能となる。最適な食材を使ったメニューや食材の説明をレストラン検索サイトに載せることにより、そのサイトを訪れた消費者に付加価値の高いメニューを紹介でき、顧客増にもつながる。また検索サイト側も、レストラン紹介の新しい観点を得ることで顧客サービスの向上につながる。
　ユースケース（利用シーン）としては、食べログやぐるなびなどのレストラン情報サイトでは「このレストランがこの料理に使っている野菜はこういうものです」と表示され、レシピサイトでは「この料理をおいしく作るのであれば、この品種の野菜がいいですよ」と提案され、検索すれば「近くのスーパーのここで売っていますよ」と紹介されるということが可能になる。

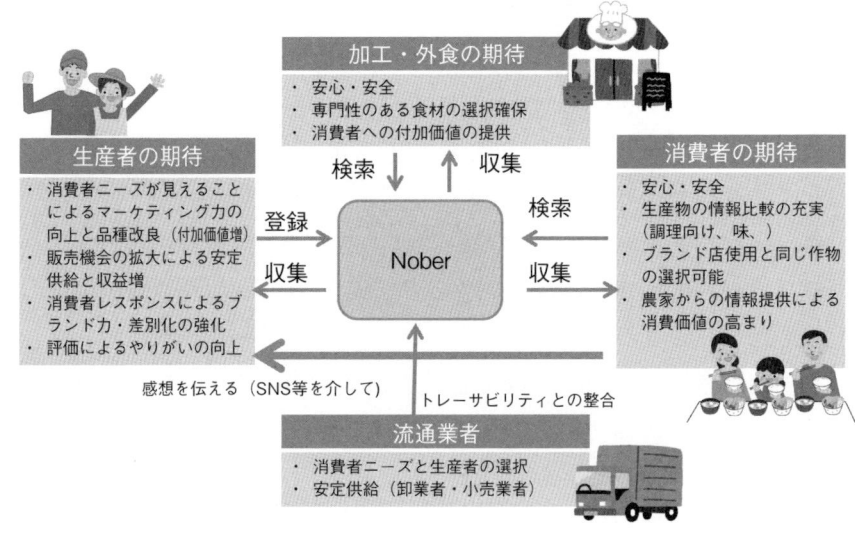

図8-2 食農情報流通のイノベーション

8.2 農業生産者と消費者のニーズをマッチング

　農業生産者は、販売先の情報や消費者の評価を得たい。また、生産物だけではなく、おいしい時期（食べ頃）やレシピ（食べ方）などの「情報」も合わせて提供したいと考えている。一方、消費者は安心・安全な食材、レシピに適した食材、成分、アレルギーなど多くのことを気にしている。

　このように生産者と消費者の双方には、伝えたい情報と得たい情報があるが、食・農業に関する情報の伝達は、現時点でも非常にアナログであり情報の集約化が進んでいない。そのため、食・農に関する各プレイヤーがそれぞれの立場で閲覧・利用できる仕組みは、今のところ存在せず、適切にマッチングされていないのである。これを打開しようと中間業者を介さず生産者から直接消費者の元に届けるビジネスモデルも最近多数生まれている。しかしながら、筆者は、すべての取

り引きが生産者から消費者の直接取引になることは絶対にないと思っている。そこで、各種中間業者を経て、食卓に並ぶ食品も含めすべての農業生産物の生産から消費までの情報をこのNoberの構築により、食・農業関連産業の高度化を図ることを目指している。こうして消費者と生産者も含めたすべてのプレイヤーのコミュニケーションを密にして、満足度を高めていく。この相乗効果によって大きなイノベーションが生まれるのである。

　農業生産者と消費者の間のコミュニケーションの齟齬（そご）についてトマトを例にすると、農業生産者は「生食用」「加工用」「糖度が高い品種」「寒さに強い品種」「病害虫に強い品種」といった様々な観点から品種A、品種B、品種Cと多品種の生産を行っている。しかし、出荷され、流通の段階に入ると、ただの「トマト」や「ミニトマト」として集約され、品種の個性が見えなくなる。これにより消費者は、作る料理や旬などの各自の「こだわり」に最適な品種のトマトを選び楽しむことができない。その結果、レシピ通りに作っても意図する味にならないといったことが起きてしまう（図8-3）。そこで、農業生産者がこだわる「品種」にクローズアップし、流通事業者も消費者も、より農産物の多様な性質を認識・選別して加工や消費に活用することで付加価値を高め、結果として、農業生産者の収入増にもつながる好循環が生まれる。

　また外食産業では、高級イタリア料理店のシェフによると、国内では欲しいトマトが買えず、わざわざイタリアから空輸して手に入れていると聞く。この国内で生産していないトマトを生産してくれる農業生産者を個々の料理店が探すのは膨大な労力がかかり、実質的には不可能である。流通企業のバイヤーが消費サイドのニーズに対し、生産できる適切な農業生産者を探すというマッチング機能をもつことで、すべてのプレイヤーにメリットが発生する。したがって、農業生産者と消費者の双方の思いをつなげるデータベースやソリューションの構築、そしてその対応ができる人材の育成は、早期に解決すべき課題と

スマート農業のすすめ〜次世代農業人(スマートファーマー)の心得〜

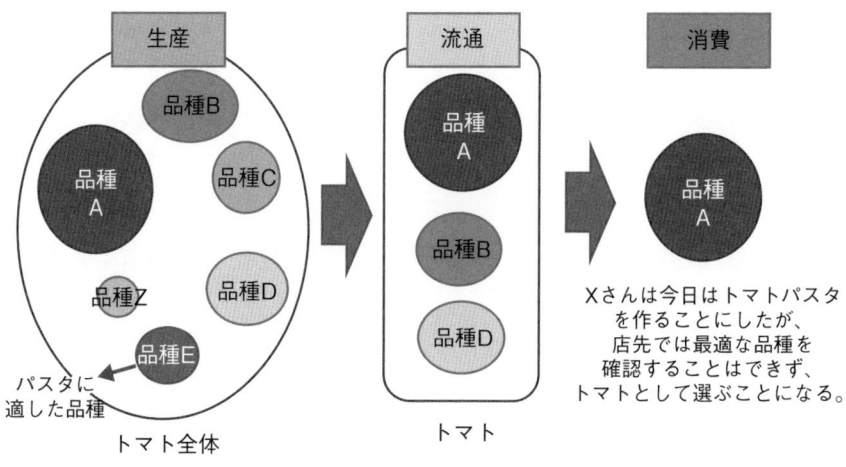

生産者は品種に基づいて生産しているが、流通段階では品種を表す情報コードがなくトマトという野菜名で扱われる。

図 8-3

いえる。もし、品種名が付加された状態で流通することが実現できれば、消費者の選択の幅が広がり、新たなニーズや付加価値が生まれるのではないだろうか。

　たとえば、「トマト嫌い」だと思っていた人が、「×××という品種のトマトは嫌いだけど、○○○という品種のトマトは好き」ということになる可能性もあれば、料理のレシピによって品種を使い分けるといったことも可能になるだろう。スーパーにもトマトが一種類しか置いてないというシーンはなくなり、同じ作物でも用途に応じた複数の作物がラインナップされ、消費者の選択の幅が大きく広がる。レシピもジャガイモではなく、男爵やメークインといった品種名で材料が表示されるのが当たり前になる。流通企業もバイヤーが隠れた匠の農業生産者や生産物を探しやすくなると同時に、消費者のニッチなニーズに対応可能となり、少量多品種供給体制の構築が可能になるだろう。

　事業性の検証として、さつまいもカンパニー合同会社（代表：橋本亜友樹氏）と Nober デモサイト（さつまいも Ver.）を作成し、各事

図 8-4

業者が Nober 活用の有効性を図るために「売っています」カテゴリから、該当品種の通販サイトへのリンクを表示できるようにした。

「売っています」以外にも、「育てたい」というアクションの場合は、その品種の種や苗が買える種苗会社やホームセンター、農地検索サイト等のバナーを表示することも考えられる。将来的には、品種情報や栽培情報など取得できる API を Nober 側に用意し、自社サイトの情報として利用したり、事業や栽培計画などに活用できるようにする予定だ（**図 8-4**）。

【成果】
(1) 品種名でのデータの紐付けは消費者、生産者、流通事業者に対し有効である
(2) 品種名を紐付けとしてデータベース間の連携である Nober の機能をプロトタイプのデモサイトにより実現することができた
(3) 消費者サイドの各部門にデータはあるが品種名記載が少ない

ことが確認できた
(4) 品種データベースの 2 系統の存在が確認できた

【課題】
(1) ネット系流通部門（野菜ネット通販会社、ふるさと納税謝礼品）のデータに品種名記載を盛り込むための啓発活動
(2) クックパッド等レシピデータへの品種名の記載勧奨
(3) 野菜品種名鑑の品種データの利用可能化
(4) SEICA ネットへの生産者登録増加奨励

【将来】
(1) 野菜全般にわたるデモサイトの作成
(2) Nober の全自動化

8.3　次世代のトレーサビリティ

　農業生産物のトレーサビリティは、安心・安全がクローズアップされてから関心が高くなっているが、トレーサビリティの仕組みとしては従来から大きく変わっていることはほとんどない。また、食品業界全体に対してさらなるトレーサビリティの徹底が求められている。
　農林水産省が提唱している「食品トレーサビリティ」とは、「生産、加工および流通の特定の 1 つまたは複数の段階を通じて、食品の移動を把握すること」と定義されている。これは、「各事業者が食品を取り扱った時の入荷と出荷に関する記録を作成・保存しておくことで、食中毒など健康に影響を与える事故などが発生した際に、問題のある食品がどこからきたのかを調べたり（遡及）、どこに行ったかを調べたり（追跡）することができる」ことを目的にしており、非常に範囲が狭く、単純な物の出入りだけを表している。この食品事業者による食品

トレーサビリティへの取り組みは三者三様であり、現状では、出入りの情報の管理さえもあまり普及していないという状況である。

　本来、生産物の付帯情報というものは次の工程に移行するにつれて増えていくはずである。しかしながら、現状は次の工程に移行する際に、次の工程で必要（法律的な要因も含む）とする情報以外は残されない。結果的に、個々の組織内でどう扱われたかという情報については、各組織内で滞ってしまうのである。

　一時期流行した生産者の顔が見える野菜のように、近隣の農業生産者とスーパーなどが直接契約しているものを除くと、消費者が農業生産者の情報に行き着くのは難しい。またその顔が見える野菜においても農薬や肥料の散布履歴にまでは到達できない。

　筆者が農業生産者の所を訪問すると、必ず「うちの野菜はね、○○っていう有名料理屋さんで使われているのだよ！」と嬉しそうに語ってくれる。自分の生産物がどこでどのように消費されているのかといった把握も可能になるので、農業生産者のモチベーション維持や向上にもつながるのである。このNoberが確立されれば、自分の生産物がどこでどのように消費されているのかといった情報を把握できるため、たとえば「自分の作ったメロンが、高級フルーツパーラーでパフェの材料として使われている」「自分の作ったトマトが、高級イタリア料理店で使われている」などの情報を農業生産者にフィードバック（逆方向のトレーサビリティ）することができる（図8-5）。

　このように、生産者から消費者までの流通において品種名消滅ゾーンが存在していることがおわかりいただけるだろう。この品種名消滅ゾーンを解消し、農業生産者や農業生産物の各種データを見える化・オープン化することで、さらなる価値を生み出すことができるだろう。現状では、消費者が農業生産者の情報を得るには、直販という手段を取るしかないが、このような情報が農業協同組合や流通企業を経由して農業生産者に伝わる仕組みとなれば、その情報が付加されることで販売価値が上がり、それに伴い価格も高く設定できるかもしれな

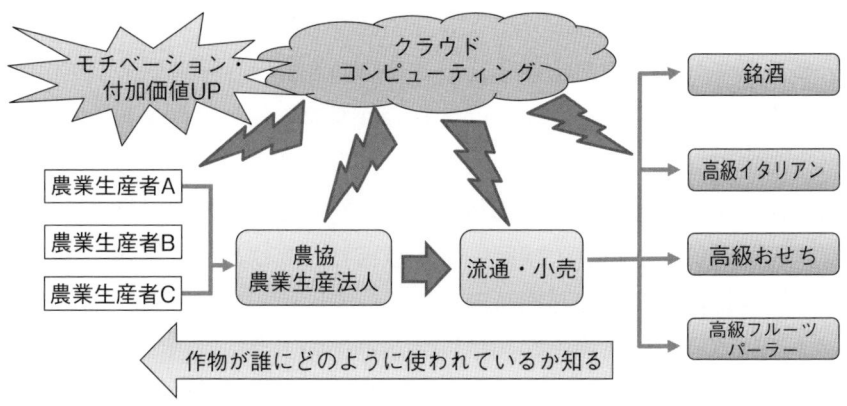

図8-5　新たなトレーサビリティとして「逆方向情報の流れ」

い。

　オールジャパンで多種多様な流通企業が、このNoberという土俵を皆で活用するようになれば、食品流通関連のビッグデータも早期に構築され、様々な効果が生まれることが想定される。しかしながら、本構想は既存の大手流通企業には受け入れ難いらしい。恐らく、長年培った自社ならではの仕組みが構築されており、それに手を加えるのが費用面なども含め困難なのだろう。比較的新興プレイヤーの「オイシックスドット大地」や「らでぃっしゅぼーや」に、受け入れてもらえることを期待している。

8.4 次世代バイヤー（プリンシパルバイヤー）の必要性

　農業生産者は、美味しい物を一生懸命に作っていれば、「いつか自分の農業生産物も誰かが見つけてくれて評価され、裕福になれる！」というドリームを描いている。その一方、農業生産者と消費者の間に入って農業生産物を扱う流通企業のバイヤーは、店舗に置く良質の食材を自分の目と足を頼りに、日本全国行脚し、必死に探し回り店舗に陳列しているのである。したがって、実際は、美味しい物を作っているだけでは、たくさん売れたり、儲かったりするということに直結するわけでは必ずしもないのである。その生産者や生産物に惚れ込み売ってくれる、使ってくれるバイヤーとつながることが大きな成功要因の1つなのである。

　農業生産物を取り扱うのは、主に流通企業や外食企業のバイヤーになるわけだが、彼らに話を聞いてみると、その仕事も農業に負けないくらい属人的でアナログであり、たまたま見つけた美味しい物が店に置かれることが多いと聞く。したがって、素晴らしい農業生産物を生産している隠れた農業の匠は、彼らバイヤーの目に留まらないと一生、日の目を見ないのである。

　そこで、大手スーパーなどの流通企業が主体となって、生産物と消費者の橋渡しの役割を担い、「必要とされる食材を、適した量、適した場所で、適した人が作る」ことの実現を推進することが求められる。市場のニーズと生産物の作付け・生育状況を1つのソリューションで一元管理し、そして、バイヤーが農業生産者と消費者の思いをつなぎ、双方のニーズと適切にマッチングすることで、価格暴落回避目的の産地廃棄などの低減、また高付加価値作物の生産・販売につながるだろう（**図8-6**）。

　この生産者と消費者の思いをつなげるデータベースやソリューションを構築すると同時に、その対応ができる「プリンシパルバイヤー」

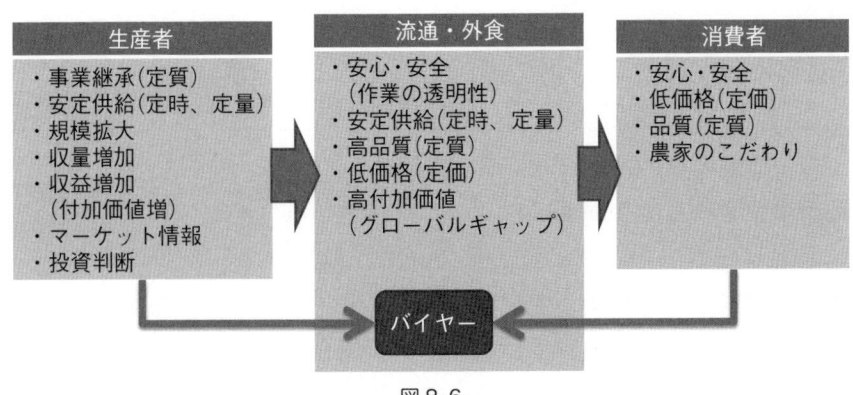

図 8-6

（筆者造語）の育成が急がれる。これにより、流通企業サイドとしても、ニッチなニーズに対応できる体制が構築され、他の流通企業との差別化につながるのである。

8.5　食品・農業関連のオープンデータ＆ビッグデータ

　インターネットやデータ取得・分析にかかる技術の進展、データ利用ニーズの多様化などにより、各府省等が閲覧用に加工したデータだけではなく、民間事業者等が加工・分析したり、他のデータと組み合わせることが可能となるよう、各府省等が閲覧用に加工する前のデータをコンピューター処理に適した形（機械判読可能な形）で提供することが求められている。このため、政府では行政機関等が保有するデータ（公共データ）の民間事業者等による活用が進むよう、機械判読可能な形でデータを提供する「オープンデータ」の取り組みを行っている。

　本施策により、食品・農業関連の様々な情報もオープンデータ化が進み、グローバルな視点での市況やニーズに基づいた生産（品種選定

や生産量決定）が行えるようになるだろう。農業においても、作物の「品種」に注目し、そこに様々なデータを連結し流通させることで、より多様なニーズとのマッチングを実現し、社会全体で多様性を楽しめるようになる。

　Nober プロトタイプ構築においては、農林水産省の「品種登録データベース」など政府や地方自治体などのオープンデータを効果的に活用して、語彙も含めた情報の連携を検討した。

　しかしながら、以下に挙げる課題が明らかになり、今後さらなる検討が必要であることが浮き彫りになった。

- 民間による日本種苗協会管理の野菜品種名鑑と国の登録管理による品種登録データベースが存在しており、それらが未連携であり、結び付ける根拠が存在しない。
- 国の品種登録データベースはオープンデータ化されてはいるが、すべてをカバーしているわけではない（在来品種などは登録されていない）。

8.6　知られざる野菜の流通上での規格、食品ロス（フードロス）

　Nober が構築されることで、食材の適材適所が構築される。その結果、生産から消費までの全工程で発生する食品ロス（フードロス）の削減にも貢献するのである。農業生産者の皆さんは、収穫できた野菜が様々な規格で選別されているのはご存知と思うが、消費者はほとんど知らないのが実情である。代表的な事例として、本来キュウリは曲がる性質でありながら梱包や運搬の都合により、まっすぐに育つように品種改良が繰り返され、それでも生産過程で発生した曲がったキュウリは、規格外として扱われる。さらに、キャベツは買い物カゴ入れ

る際に、皆さんが剥がしてスーパーのゴミ箱に捨てる葉っぱ（鬼葉と呼ばれる）の有無が重要な商品基準になっているのである。この鬼葉が最低2枚以上あることが青果で販売するための規格であり、鬼葉がなければ加工品として扱われ、青果の半分程度の値段になってしまう。要するに、鬼葉に虫がついてやむを得なく葉を剥がしてしまうと、食べることができる部分はほとんど変わらないにもかかわらず、半値になってしまうのである。

　キャベツなどはハウス栽培ではなく露地栽培がほとんどなので、出荷するまでどこも虫に食べられないようにするのは大変な努力を必要とする。実際の圃場では鬼葉だけではなくさらに中の葉も食べられてしまうことも多いが、このような物は青果市場や流通企業が扱ってくれないため、少しの量であれば農業生産者が自家用として個人消費するが、ほとんどが産地廃棄となる。また、ほとんどの農業生産物は、大きさや外観などでクオリティが振り分けられており、食べる物でありながら、鮮度や味、農業生産者のきめ細やかな試行錯誤、創意工夫、こだわりといった生産物におけるストーリーは、まったく管理をされていない。これでは若者がやりたい、魅力ある農業につながるわけはない。

　「豊作貧乏」という言葉を聞いたことがあるだろうか？　天候に恵まれ豊作だったために市況価格が低落し、不作時と同様に農業生産者収入が大幅に減少することである。買い取り価格が1年を通して一定であれば、豊作は農業収入を増大させる。しかし、農産物価格は、政府などによる価格維持政策がないかぎり下落する傾向をもっており、豊作時にはますますこうした動きが激しくなる。その場合、農業生産者は自家消費予定分までも販売しようとするが、これもまた価格の下落に結びつき、農業生産者の生活が一層悪化する。これを恐れた農業生産者は、圃場でまだ青々と収穫を待つばかりの農業生産物を収穫せずにトラクターなどで土地にすき込んでしまう。このように、価格暴落防止のために「産地廃棄」をするという事象が現に発生しているので

ある。また、ある作物で成功し、多額の収益を得た事例（農業界では「〇〇御殿が建った」などと表現されることが多い）があった翌年に、皆がその作物を作付けしてしまうことで価格の暴落を招くといったことは大いに発生しうる。

　こういった生産物の産地廃棄は統計上あまり出てこない数字であり、食品ロスの数字としても計上されにくい。したがって、食品ロス削減の話題においても扱われず、対策についてもほとんど議論されていないのが実情である。

　なお、世界規模でみれば、年間で約13億トンの食品がなんらかの事象で廃棄されている。これは、世界で1年間に生産される食糧の実に3分の1に相当するのである。日本国内で見ると年間621万トンであり、これは国連世界食糧計画が1年間に実施する食料援助量の約320万トンの2倍近い数字である。国民1人あたりに換算すると1人が毎日、茶わん1杯分のご飯を捨てている計算になるらしい。このロスを少しでも減らそうと、「フードバンク」が日本全国に作られ、一部稼働を開始しているところもある。

　そこでNoberを構築することにより、市場のニーズ情報と農産物の作付け・生育状況などの情報をつないで一元的に管理することができるようになる。生産者と消費者の双方のニーズを的確に把握し、生産物のマッチングが精緻に行われることにより、価格暴落回避目的の産地廃棄などの食品ロス（フードロス）の低減、農業生産物の価格の安定化、さらには高付加価値作物の生産・販売の増加につながる。そして、農業生産者は多種多様な品種の生産物を生産し、消費者はその多様性の価値を楽しむという新たな市場の形成と発展が期待される。また、流通企業もニッチなニーズに対応できる少量多品種供給体制を構築できる。

　株式会社リバースプロジェクト（代表：伊勢谷友介氏）は、食品ロス削減に取り組んでおり、規格外野菜を企業の社員食堂に供給するといった取り組みを始めている。売り上げの一部は廃棄予定の食品を貧

困家庭に届けるフードバンクや、ひとり親家庭の子どもなどに割安で食事を提供する子ども食堂に還元している。野菜は子ども食堂などでも活用してもらう。このように、販路を広げるとともに、貧困家庭の支援にもつなげることを目指されている。この取り組みの中でも、各種情報の連携が重要になってくるだろう。

8.7　ローカルロジスティクスの実現

　物流場面において、移動距離などによる各種ロスが発生している。地方で生産されている作物の多くは、大消費地であり高値で買い取られる東京に運送される。そこで食品加工企業などで加工され、送付地域ごとに分類され、それぞれ地方に戻っていく。極端な話、地方と東京を往復するため、地元産でありながら東京よりも鮮度が低いなどの矛盾が発生する可能性もあり、移動距離などによる各種ロスが発生している。これは2014年2月の大雪によって都内の交通が壊滅状態になった時に、多くの首都圏近県の食品にも多大な影響が出たことでも証明された。食品の適材適所に配送するといった物流場面において、すべてのステークホルダーが手を組み、同じデータベースを見て食品を適材適所に配送するといった、ローカルロジスティクス（筆者造語：地域の独自物流経路）を新たに構築することができれば、効率的に配備することができ小ロットでも近隣に効率的に配送できる。多額の輸送コストが低減され農業生産者の収益向上に貢献し、さらには地産地消の促進にもつながる。具体的な実現イメージは、「ゆうパック」や「赤帽」といった小ロットでの輸送手段を新たに構築し、ICTを使って配備することで小ロットでも近隣に効率的に配送できるような仕組みである。地方で増加している空き家や廃校、廃工場など様々な空きスペースをこの小ロット物流拠点として再利活用してもよいだろう。

　これらの実現により、加工食品企業などの食に関する産業が地域に

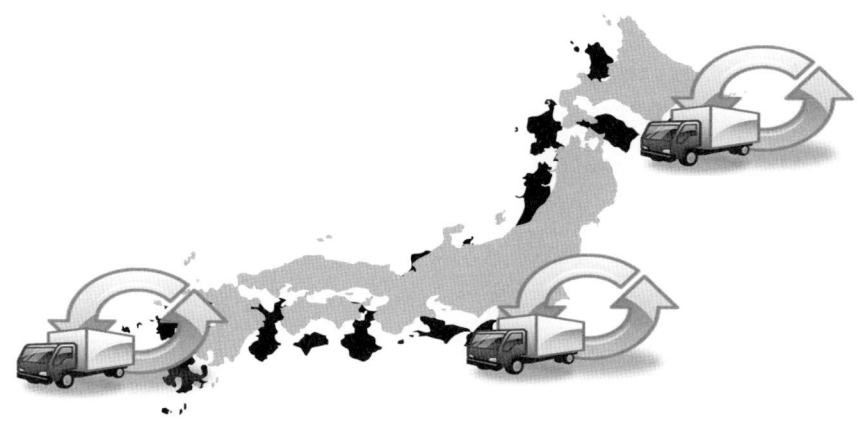

図 8-7

生まれ、新たな雇用を生み、ひいては地域活性化・地方創生につながると考えられる。

　静岡県菊川市の株式会社エムスクエア・ラボ（代表取締役：加藤百合子氏）は、すでに「やさいバス」と名付けた冷蔵トラック車が巡回するビジネスを展開しており、農産物の小規模物流の効率化やコスト削減を目的とした共同配送システムの構築を実現している。青果市場や直売所、飲食店などを集出荷場として「やさいバス」のバス停に設定することで、消費者は、農業生産者が出荷した品物をその日のうちに受け取れ、鮮度保持にもつながっている（**図 8-7**）。

8.8　健康や防災などその他分野とのデータ連携（医福食農連携）

　農業という職業は穏やかなイメージがあり、仕事時間もサラリーマンのように決められておらず、のんびりとしていて羨ましいと思われる方も多いのではないだろうか？　そういった農業は趣味的農業として扱われる。筆者の知る限り、その対極にあるビジネス農業は、顧客

と約束した納期との戦いであり、その日のトラックが積荷をする時間に追われながら収穫しているのが実情である。筆者自身、雨の中、雨具を着て収穫をしたことがある。雨具は汗を通さないため、すごい暑さで汗でびっしょりになってしまう。これは晴天で気温が高い時も状況は変わらず、炎天下の中、必死に作業をしなければならない。時間に追われて作業をしていると水分補給や休憩などが疎かになり、圃場で倒れるといったことも発生している。これを回避するためにバイタル情報をリアルタイムに取得し、エマージェンシー情報を関係者に通知することで危険を回避するというソリューションも出てきている。

電機メーカーやICT企業で増えている鬱などの精神疾患に、農業が効果的ではないかと考える企業は多く、その企業が異業種参入して農業を始める際に精神疾患を理由に長期休暇をとっている社員に農業に従事してもらおうと考えるが、自然と戯れることが目的の家庭菜園をするのとはまったく感覚が違い、さらに精神を病む結果になりかねない。

農業分野だけでなく、医療・福祉といった異業種との連携に関係する事例についても考えられる。「食べる」という行為は、人の生活を営む上で欠かせないことである。単に活動に必要なエネルギーを得るだけではなく、病気にならない体、病状を緩和し回復につなげるという力ももっている。日頃皆さんは、食事を摂る際に何に気を使われているだろうか？　特に男性は、コストやスピードで「お腹に入ればなんでもよい」という感覚で過ごされている方も多いのではないだろうか？　医食同源という言葉がある。筆者自身、食にかかわるまでまったく知らなかった言葉であるが、ウィキペディアには「日頃からバランスの取れた美味しい食事をとることで病気を予防し、治療しようとする考え方」であると記載されている。筆者はこの言葉を「食べ物は毒にも薬にもなる」と解釈した。ほとんどの方々は「言われてみればそうだけど」という感覚で、一食一食を意識して食事を選択している方はほとんどいないのではないだろうか？

現時点では、食べ物は薬にもなるという議論は「迷信」のレベルを打開できずにいるが、将来的には、農業生産物それぞれの品種特性やそれを食べた人の体への影響に関し、「農業ビッグデータ」のAIを駆使した解析やオープンデータ連携で結びつけることにより、たとえばある一定の栄養素を高めた機能性野菜などについてデータを集積することで、病気の治癒効果や健康増進への効果を証明できるとなれば、農業現場だけでなく医療現場からのニーズも高まる。農業生産物それぞれの品種特性やそれを食べた人の体への影響が「農業ビッグデータ」やオープンデータ解析で結びつけられることにより、人体に投与する薬の量を減らし、副作用などのリスクを回避できるようになる。

　ガンや成人病などの病気は先天性的な原因による発病もあるだろうが、多くが食事に起因しているのではないかと筆者は想定している。多くの方も筆者と同じように思われているのではないだろうか。にもかかわらず、健康に悪いものを食べては体調を崩し、それを薬を飲んで治すというサイクルが当たり前のように繰り返されている。これらを個々の食事のデータと病気の発症データを結びつけたり、ある食べ物を食べ続けることにより病気の症状が緩和したりすることがわかれば、食品が薬の代わりになるということを裏付けることができる。これらの知見が次世代食・農情報プラットフォームに蓄積されることで、効用が明らかになり、新薬として登録ができて許認可にかかる期間中に食事として摂取できれば、助かる命も増えるかもしれない。さらには大幅に薬を減らすことにもなり、結果的に国家としての医療費の削減にも貢献するのである。

　ゲノム編集技術などにもより、今までになかった薬にもなる農業生産物が作られる可能性も出てきている。このように農が科学されることによるメリットは無限である。

　本書で記載したスマート農業のロジックやテクノロジーは、匠の経験と勘に頼る他の多くの産業にもロールアウト可能だ。その中でも比較的に近しいのは、漁業における養殖業であろう。養殖業がなぜ農業

と近しいかというと、「育てる」ということにおいて共通点があるからである。農業における種が卵であり、植物が魚や海藻に、肥料が餌になる。個々の養殖業者のノウハウは農業と同じく明文化されておらず、新規参入で成功するのは難しいというところも共通点がある。

8.9　バイオテクノロジーとの融合

　最近、多くの企業が何らかの判断をする時に、SDGsに寄与できるかどうかによって、各種判断をし始めている。SDGsは、2015年9月の国連サミットで採択された、発展途上国のみならず、先進国自身も取り組む2016年から2030年までの国際目標「Sustainable Development Goals」（持続可能な開発目標）のことであり、持続可能な世界を実現するための17のゴール、169のターゲットから構成されている。これは「持続可能な開発のための2030アジェンダ」に記載されている。この中で、食・農業に関係するものは、世界から飢餓をなくす「ゼロハンガー」として設定されている。

　今後、世界の総人口は爆発的に増加し、2050年には98憶人になると予想されている。現時点においても、世界で飢餓に苦しむ人口は8憶1500万人（世界人口の11％）であり、今後さらなる増加が強いられるのである。わが国も含めた先進国が先端技術を使った生活を営むことが地球温暖化の原因になっていることは間違いない。結果的に発展途上国の農村では、農業生産物を育てるのには劣悪な環境が増加し、農業生産物の不作が発生する。不作が続くことにより、深刻な食糧不足に陥り、飢餓が生まれる。そして、農業生産者は良い土地を求め、その地を離れていくという状況が発生している。特に戦火の中にある国々においては、移民として国外に流出している。この状況が続くことによって、発展途上国の食料安全保障自体が悪化し、さらなる飢餓人口を増加させるという負のスパイラルが発生しているのであ

る。

　したがって、この負のスパイラルを断ち切り、発展途上国の飢餓を救うのは先進国の義務であると筆者は考える。世界の農薬関連企業であるモンサントやシンジェンタは、本課題の解決に向けたビジネスを展開すべく、バイオテクノロジーの世界にも早々に足を踏み入れてきている。海外のベンチャー企業では、レアプラント栽培や昆虫を培養できる装置や、人工的に肉を作るような装置を開発し、製品化すべく日々研究を進めている。

　日本としては人口が減る傾向にあるため、この点を意識されている人や企業は非常に少ないかもしれないが、今後、日本の安心・安全で高クオリティな食材を大量生産するノウハウや技術を活かし、今まで農業生産物の生産が困難であった極寒エリアや熱帯エリア、宇宙ステーションや船上といった、あらゆる環境で栽培できる農業生産物の創造を世界各国から求められてくるのは間違いない。世界の食料安全保障のためにも日本の種苗メーカー、食品メーカーおよび農業生産者は日本国民の胃袋だけではなく、世界各国の人々の胃袋を満たすことを今後意識して開発や生産をしていかなければならない。

8.10　再生可能エネルギーとスマート農業

　2013年11月15日、農林漁業の健全な発展と調和のとれた再生可能エネルギー電気の発電の促進に関する法律（農山漁村再生可能エネルギー法）が成立し、有限エネルギーの枯渇延長と環境破壊緩和を政府としても進めていくという意思表示を表した。スマート農業の実践には再生可能エネルギーの利活用も避けて通れない重要な要素である。電気代や燃料代を抑えるという効果はもちろんのこと、環境に配慮するという姿勢や意識はスマート農業を実践する「スマートファーマー」の資質としても必要な要素である。

現在、農業現場で活用が進んでいる再生可能エネルギーとして主流なのは太陽光発電であり、田園風景の中に太陽光パネルが置かれているといった景色を最近よく見かけるようになった。農業生産者の高齢化などにより増えた耕作放棄地を有効活用しようという規制緩和により、農地に太陽光パネルを配置することが可能になったことがブレイクスルーになったと考えられる。最近は透過性の高いソーラーパネルの開発や、比較的太陽光を必要としないキクラゲなどを、営農継続しながら上部の空間に太陽光発電システムを設置するソーラーシェアリング（営農型太陽光発電）という考え方も進行しつつある。したがって農地の活用は必ずしも、農業をするためだけではなくなってきているといえる。使われていない農地に太陽光発電設備を設置し、その売電により農業生産者の所得向上につなげるという目的もある。これにより、農地から生産物とエネルギーという2つの収入が生まれ、農業生産者の収益改善に貢献する手段になる可能性もある。このような農業生産者を「エネルギー兼業農業生産者」と表現する記事も出てきている。

　昨今、太陽光発電設備の導入に対して補助金を出している自治体も出てきている。自身の高齢化などにより、仕方なく遊休農地とせざるを得ない農業生産者にとっては良い手段かもしれない。施設園芸を営む農業生産者であれば、太陽光発電で生まれた電力を使って施設内の各機器へ供給することで生産コストを抑えるといったことも可能だ。しかしながら、自治体の補助金など初期導入を支援する策がないと農業生産者自らが導入するにはハードルが高いのは間違いない。

　このほか、「地熱発電」や「バイオマス」など再生可能エネルギーを使った農業の事例が多々出てきている。「バイオマス」とは、生物資源の量を表す言葉であり、「再生可能な、生物由来の有機性資源（化石燃料は除く）」のことを表す。そのなかで、木材からなるバイオマスのことを「木質バイオマス」と呼ぶ。木質バイオマスには、主に、樹木の伐採や造材のときに発生した枝、葉などの林地残材、製材工場などか

ら発生する樹皮やノコ屑などのほか、住宅の解体材や街路樹の剪定枝などの種類がある。木質バイオマスの課題は、生成にあたり大規模な設備が必要であること、同じ農林水産業である林業の衰退によって森林からの運搬が困難であること、発生する場所（森林、市街地など）や状態（水分の量や異物の有無など）が異なることにより、クオリティにバラつきが発生しやすいということである。このクオリティのバラつきにより、「木質チップ」を燃料とする機器の故障の原因などにつながることから、一部の機器メーカーは採用を推奨していないという。

再生可能エネルギーや自然エネルギーが低コストで生成できると同時に、ICTやAIにより需給の最適化などが実現し、農業生産におけるコストを下げ、また、自然環境に悪影響を及ぼさない試行錯誤や創意工夫をしていくしかないのかも知れない。このほか、地熱発電による電力を施設園芸に使う事例も出てきている。これは「おんせん県」でも有名な大分県で盛んな取り組みである。

8.11　スマートアグリタウンについて

地域活性化の手段の1つとして、観光をキーにして、交流人口を増やそうという取り組みが多い。この観光の場面においても、地元特産の生産物というのは話題から排除はできない。

そこで筆者が提案しているのは、大規模な耕作放棄地が発生しそうなエリアに、食、農業、医療、観光などを1箇所に集めた大テーマパークにしてしまうというものである。これを「スマートアグリタウン」と筆者は呼んでいる。食、農業に関連する人や組織がプラットフォームを介して情報ネットワークで結びつき、スモールバリューチェーンを作るというものだ。その風土にあった生産物を地域の力を最大限に使って生産し、出来上がった生産物は、基本的に地域で消費をし、それ以外については、海外に輸出をする。スマートと名を付け

るのは、単純にそれら企業を集めて配置するだけではなく、ICT を最大限に活用することを規約とし、それに了承した企業だけが入居できるという制約を設けるからである。まだ完成入居に至った事例はないが、その構想に向けて邁進している自治体は存在する。

　このスマートアグリタウンには、体験農園があり、観光客は生産物の種や苗を植えたり、収穫の体験ができる。そこで得た生産物は、近くのレストランに持ち込むことでピザやサラダなどの素材としてその場で食べることができたり、バーベキューなどができる場所も用意する。また畜産エリアも設けることで、チーズや牛乳なども得ることができる。ここで出た糞尿はその場で堆肥化されて、肥料として活用される。もちろんのことながら、太陽光や木質バイオマスなどを使った再生可能エネルギーも活用したスマートグリッドなども構築し、施設園芸や植物工場のエネルギーコストの低減も目指す。

　このように、循環農業やバリューチェーンをスモールに実現することで、その状況をタイムリーに把握してもらう場として観光客や取材団の誘致にもつながる。筆者は、全国の広大な耕作放棄地が複数のスマートアグリタウンになり、これらが生活拠点かつ観光拠点となり、それぞれのスマートアグリタウンが有機的につながり、スマートアグリクラスター（筆者造語）となることを夢見ている。将来的には、食農の業界だけでなく、すべての人間の生活と直結するまちづくりを目指す。

　本章で紹介してきた Nober は、農業生産者や消費者、そして外食産業も含めた食・農業に関するすべてのステークホルダーをつなぐことで大きなイノベーション、"革命"を起こすプラットフォームであり、これからの時代の社会インフラとなっていくことを目指すものである。

さいごに

　一次産業を除く他産業において、ICTが使われていない業務シーンはほぼなくなり、ここ数年、ソリューション提供ビジネスを展開するICT企業は、農林水産分野をターゲットとした新たなビジネスモデルの創造を模索してきた。その結果、農業情報システムや農業ロボット（ドローン含）への参入は、大手、ベンチャーにかかわらず激化している。

　しかしながら、まだ実証【PoC（Proof of Concept）】から事業検証【PoB（proof of business）】へ移行段階のものがほとんどであり、年月が経つにつれ企業サイドも疲弊し始めている。このままでは撤退する企業も出てくるであろう。そうなると、ユーザーである農業生産者が路頭に迷うことになり、結果的に「スマート農業」の普及が失速してしまいかねないのである。

　「スマート農業」が時流に乗って広がるのか、関係企業の疲弊により停滞していくのかは、「共創」と表現される企業間連携の早期実現にかかっているといっても過言ではない。まずは、個々の企業の得意分野や経験値を持ち寄り融合させることで、Win-Winとなるビジネスモデルを作ることである。そうなることで農業生産者に提示する価格を下げることができ、その結果爆発的なユーザーの増加につながり農業イノベーションが起こる。それこそが今、「スマート農業」で一番求められていることであろう。

　「スマート農業」を提供するICT企業のスタンスとして多いのは、あくまでツールの提供屋になってしまうということである。本書でも触れたが、農業企業において、情報システム部門をもっているところは現時点ではまだゼロに近い。したがって、ツールの提供先である農業生産者と対等に渡り合える農業知識をもつことや、顧客とは別の観

点で農業や食の業界を俯瞰して見ることのできる専門的な知識を所持することが求められる。いつまでも「農業は、素人なのですが」と話し出すICT企業のソリューションを購入して使う農業生産者はいないだろう。

　なお、「スマート農業」に対する現場の温度感は、10年前とは明らかに変わってきている。自治体にもあらゆる地域で「スマート農業研究会」なるものが創設され、そのエリアならではのICTの導入や利用方法の確立に向けて、議論を開始している。自治体や農協の「普及指導員」や「営農指導員」などの農業生産者への技術指導を担当する部門も、「スマート農業」の必要性を感じ勉強を始めている。その結果「スマート農業」関連のシンポジウムやセミナーの客層も年々変わりはじめている。当初は、異業種の方が「スマート農業ビジネス」の将来性を見出すために勉強感覚で参加されていたが、昨今は、農業生産者が現場で起こっている実際の課題をもって、解決の糸口を探しに来るシーンが増えている。

　本書の出版は、非常に多くの方のご協力により実現した。特に、日本農業情報システム協会（JAISA）の会員企業の方々には多大なる協力をいただいた。この場をかりて深謝申し上げる。

2018年4月

参考文献

- 内閣府「日本再興戦略」
- 内閣府「世界最先端IT国家創造宣言・官民データ活用推進基本計画」
- 内閣府「戦略的イノベーション創造プログラム」
- 内閣官房「農業情報創成・流通促進戦略」
- 総務省「農業情報（データ）の相互運用性・可搬性の確保に資する標準化に関する調査」
- 農林水産省「農山漁村におけるIT活用事例」
- 農林水産省「農業分野における情報科学の活用に係る研究会」
- 農林水産省「農業分野におけるIT利活用に関する意識・意向調査結果」
- 農林水産省「スマート農業の実現に向けた研究会」
- 農林水産省「農林水産分野におけるIT利活用推進調査」
- 農林水産省「異分野融合研究の推進について」
- 農林水産省「クラウド活用型食品トレーサビリティ・システム確立委託事業」
- 農林水産省「農業分野におけるIT利活用ガイドブック」
- 農林水産省「農業データ活用ガイドブック」
- 農林水産省「知的財産戦略」
- 農林水産省「農業経営におけるデータ利用に係る調査」
- 「農業データ連携基盤協議会」ホームページ
- 「知の集積と活用の場 産学官連携協議会」ホームページ
- 国立研究開発法人農業・食品産業技術総合研究機構「革新的技術創造促進事業（異分野融合共同研究）」
- 慶應義塾大学「農業ICT知的財産活用ガイドライン」ホームページ
- 慶應義塾大学「アグリプラットフォームコンソーシアム」ホームページ
- スマート農業バイブル『見える化』で切り拓く経営＆育成改革（産業開発機構）
- ITと熟練農家の技で稼ぐAI農業（神成淳司（著））
- 日本発「ロボットAI農業」の凄い未来 2020年に激変する国土・GDP・生活（窪田新之助（著））
- IoTが拓く次世代農業—アグリカルチャー4.0の時代（三輪泰史（著），井熊均（著），木通秀樹（著））
- 2025年日本の農業ビジネス（21世紀政策研究所）
- 記録農業スマホ農業（堀明人（著））
- 直販・通販で稼ぐ！年商1億円農家（寺坂祐一（著））
- 絶対にギブアップしたくない人のための成功する農業（岩佐大輝（著））

著者紹介

渡邊　智之（わたなべ　ともゆき）
スマートアグリコンサルタンツ合同会社　代表/CEO
一般社団法人日本農業情報システム協会　代表理事

　1993年大手IT企業に入社。宅内交換機および電話機の開発に従事。2007年に事業企画部門へ異動し、医療・動物医療・農業に関するイノベーション創造に深く関与。
　主に各種センサーによる生育関連データ蓄積および作業記録アプリなど、「スマート農業」関連ソリューションの企画開発を主導。
　その際、自分自身が農業現場の実情を知る必要があると考え、実際に農業法人に飛び込み農業を学んだ。2012年から農林水産省において「スマート農業」推進担当として政府の「スマート農業」関連戦略策定や現場の普及促進に努める。その経験から慶應義塾大学SFC研究所の研究員として「スマート農業」関連研究に携わると同時に農林水産省や自治体の「スマート農業」関連会議へ有識者や座長として参画。
　2014年、ICTやIoT、AIなどを使った「スマート農業」の普及促進、次世代農業人（スマートファーマー）の育成を目的とした業界団体、日本農業情報システム協会（略称JAISA）を設立し、代表理事に就任（2019年一般社団法人化）。2018年スマートアグリコンサルタンツ合同会社設立、代表/CEOに就任。2019年からは総務省地域情報化アドバイザーにも選出され活動している。

スマート農業のすすめ
～次世代農業人（スマートファーマー）の心得～

2020年11月11日　初版　第2刷

著　者　渡邊　智之
発行人　分部　康平
発行所　産業開発機構株式会社
　　　　映像情報編集部
　　　　〒111-0052　東京都台東区柳橋1-1-15　浅草橋産業会館　307号
　　　　TEL. 03-3861-7051（代）
　　　　FAX. 03-5687-7744
印刷・製本／三報社印刷（株）

落丁・乱丁本は、送料小社負担にてお取り替えいたします。
定価はカバーに記載されております。
本書の一部または全部を著作権法の定める範囲を超え、無断で複写、転写、テープ化、ファイル化することを禁じます。

ISBN978-4-86028-294-3